国土核生化安全空间概论

韩维涛　主编

国防工业出版社
·北京·

内 容 简 介

本书以安全空间塑造前沿理论为基础，按照"安全空间—国土安全空间—战场核生化安全空间—国土核生化安全空间"的结构思路，介绍了国土核生化安全空间塑造的战略性和系统性探索等方面的内容。主要内容包括战争与平时国家安全面临的核生化武器威胁与核生化突发事件分析，国土核生化安全空间塑造的概念与方法途径，我国国土核生化安全空间格局的区域划分，国土核生化安全空间塑造的预警体系、防御体系、力量体系、指挥体系与行动体系等，并附有外军参与国土核生化安全应急救援的若干典型案例。

本书的读者对象为国家核生化安全领域、军队核生化防护领域的工作者。本书对政治、外交、军事、经济领域的战略学者和规划工作者的工作具有一定的参考价值，也可作为战略学、国家安全学、核生化防护等学科的参考资料和学习教材。

图书在版编目（CIP）数据

国土核生化安全空间概论／韩维涛主编. -- 北京：国防工业出版社，2025.3. -- ISBN 978-7-118-13582-4

Ⅰ．E92；D035.3

中国国家版本馆 CIP 数据核字第 2025R63C38 号

※

国防工业出版社出版发行
（北京市海淀区紫竹院南路23号　邮政编码100048）
北京虎彩文化传播有限公司印刷
新华书店经销

*

开本 710×1000　1/16　　印张 12¼　　字数 159 千字
2025 年 3 月第 1 版第 1 次印刷　　印数 1—1300 册　　定价 88.00 元

（本书如有印装错误，我社负责调换）

国防书店：（010）88540777　　　书店传真：（010）88540776
发行业务：（010）88540717　　　发行传真：（010）88540762

《国土核生化安全空间概论》编写委员会

主　编　韩维涛

副主编　龚　丹　王　丁　高　川

编　委　郭潇迪　苏宏艺　韩朝帅　李　珊　孔德颖
　　　　陈兴敏　黄李洲　王尊刚　魏　星　陈伟奇

前言

安全空间一词由来已久。从学术角度而言，安全空间是为了保证社会系统或自然系统的正常运行，在极端情况下尽量维持系统稳定运转而采取的手段、措施，以及避灾应急场所的统称。例如，对于现代国家而言，当处于战争状态时，为确保国土与国民安全，国家必然要采取一系列举措，如通过政治博弈、经济固守、军事防御、法制管理、舆论宣传、民族团结和避险救助等，维护国家政治、经济、军事、社会活动的稳定有序和正常运转。上述举措以及由此铸就的国家稳定可控范围与状态，就是战争时代的国土安全空间。又如当犯罪分子携带爆炸物危害公共安全时，警方必然采取包围、封控、屏蔽、防爆、突击和救护等举措，尽量压缩并尽快铲除犯罪分子的活动空间，同时也要确保人民群众生命财产的安全空间。由此可见，安全空间所保护的系统小到个体、大到社会，囊括了政治、经济、军事、社会民生和自然资源等各个领域。因此在安全空间领域选择适当的政治、经济、军事和社会等主题展开深入研究，对于确保国土与国民的安全具有积极的前瞻性探索意义和重要的学术研究价值。

安全研究和战争研究永远是密切相关的。安全空间一词引入军事领域，源于外军作战概念发展和军事力量建设的壮大。当前信息化战争已明显导致了战场前方与战略纵深界限的模糊，国家面临的军事冲突越来越具有鲜明的总体战争特征，政治、经济、军事、资源、能源和社会民生等关键领域与国家整体安全之间的关系日益紧密。近年来

国土核生化安全空间概论

世界主要大国在关键战略方向面临的国家安全挑战具有"牵一发而动全局"的特点已日趋明显。就核生化武器而言，其军事定位曾主要是大规模杀伤性武器和战略威慑性作用。但是当今科技发展与战争特征的转变，推动了核武器的升级换代与使用门槛的降低，并导致了新型生物、化学武器替代传统生物、化学战的可能在逐步突破，未来各国面临的核生化威胁将更趋复杂。为此，美军基于"远程预警—低空反导—军种联合防护"提出了"战场核生化安全空间"的概念。在美军构想的"战场核生化安全空间"内，军队可以最大限度避免核生化武器威胁，享有充分的活动安全和心理安全。即使敌方发动核生化袭击，要冲破安全空间的层层壁垒形成杀伤危害效应，也是非常困难的事情。另外，各国和各地区由于经济、科技、医学和工业发展，分布了不计其数的核生化工业设施、储备仓库和研究机构，上述设施、基地和机构在给人类创造能源动力、工业产品、科技医药产品的同时，也存在不同层次的生产和管理隐患。加之数十年来由于民族、宗教等问题而存在的极端恐怖势力，一直将制造核生化恐怖作为其危害社会的手段选择。由此，核生化武器的潜在威胁以及包括核生化恐怖袭击在内的重大核生化突发事件的现实威胁，对国土安全的整体影响不容忽视，属于国家安全应关注的焦点和重点。因此本书选择国土核生化安全的角度探讨相应安全空间问题具有一定的前沿性和创新性。

近年来，外军不仅在"战场核生化安全空间"领域进行了军事研究与战争布势，而且已逐步将基于保护且处于安全状态的各类战场空间作为战场环境构筑的重要前提。本书将应对战争和平时潜在核生化威胁的国土安全空间塑造的概念内涵，总结为处于安全状态的国土地理空间、经济空间与涉及核生化的特殊空间；将应对战争和平时潜在核生化威胁的国土安全空间塑造的概念外延，归纳为针对核生化威胁与危害而塑造国土安全空间的先期预警、远程拒止和体系防护等手段；并基于上述理论探索获得国土安全空间塑造的体系性成果，是满足国家安全战略需求、创新国土核生化安全理论体系的必要选择。因此本书选择国土核生化安全的角度探讨相应安全空间问题具有一定的战略性和现实性。

在未来，基于理论成果建立可视化模型，形成理论与模型的参照映射，是推动理论研究向"理技融合"发展，实现理论研究科学化、规范化的必经之路，也是当前战略学、国际关系学、国家安全学研究的必然趋势。国土核生化安全空间塑造理论涉及众多体系架构的设计与应急行动模型的勾画，是"理技融合"的良好切入点，在本书中进行了初步的相关阐述，并将在进一步研究中实现深化。因此本书选择国土核生化安全的角度探讨相应安全空间问题具有一定的应用性和示范性。

综上所述，本书借鉴外军安全空间塑造的前沿理论，基于战争和平时潜在核生化威胁，按照"安全空间—国土安全空间—战场核生化安全空间—国土核生化安全空间"的历史与现实积淀的思路，展开国土安全空间塑造战略研究。其主要内容包括核生化威胁分析，国土核生化安全概念的系统性研究，我国国土核生化安全空间的基本阐述，以及塑造国土核生化安全空间所需的预警体系、防御体系、力量体系、指挥体系与行动体系。本书的读者对象为国家核生化安全领域、军队核生化防护领域的工作者，对政治、外交、军事、经济领域的战略学者和规划工作者具有一定的参考价值，也可作为战略学、国家安全学、核生化防护等学科有益的参考资料和学习教材。国土核生化安全空间研究涉及政治、军事、科技、经济、地理、认知等众多学科的交叉与融合，本书探索性与系统性的研究工作可以作为发起和开端，全面性、深入性的研究工作则需要长期的坚持、积累与修正，方能在这一领域获得日臻完善的成果。

编 者

2023 年秋于北京

目 录

第1章　核生化武器技术进展与战争中的核生化威胁 ········· 001

1.1　核生化武器技术进展 ························· 001
  1.1.1　核武器技术进展 ······················· 002
  1.1.2　生物武器与生物颠覆性技术进展 ············· 006
  1.1.3　化学武器技术进展 ····················· 012
1.2　战争潜在核生化威胁预判 ······················ 013
  1.2.1　战争潜在的核威胁预判 ·················· 013
  1.2.2　战争潜在的生物威胁预判 ················· 015
  1.2.3　战争潜在的化学威胁预判 ················· 017

第2章　核生化事件与化生放核的多样化威胁 ············· 020

2.1　核生化事件 ······························· 020
  2.1.1　核事件 ·························· 021
  2.1.2　生物事件 ························ 022
  2.1.3　化学事件 ························ 023
2.2　化生放核多样化威胁 ························· 024
  2.2.1　化生放核事件的概念来源 ················· 024
  2.2.2　化生放核多样化威胁 ··················· 025

2.3 核生化事件与化生放核多样化威胁的应对 ·············· 025
  2.3.1 应对核生化事件与化生放核多样化威胁基本原则与主要任务 ·············· 026
  2.3.2 关键要素与内容 ·············· 029

第3章 国土核生化安全空间塑造的基础研究 ·············· 033

3.1 国土核生化安全空间塑造的概念 ·············· 033
  3.1.1 国土核生化安全空间塑造的定义 ·············· 034
  3.1.2 国土核生化安全空间塑造的内涵 ·············· 035
  3.1.3 国土核生化安全空间塑造的外延 ·············· 036

3.2 国土核生化安全空间塑造的方法途径 ·············· 038
  3.2.1 政治和外交途径 ·············· 038
  3.2.2 军事防御途径 ·············· 039
  3.2.3 非战争军事途径和民事途径 ·············· 041

第4章 国土核生化安全空间的区域划分 ·············· 043

4.1 国土地理空间 ·············· 043
  4.1.1 我国国土地理空间概况 ·············· 043
  4.1.2 国土地理空间与核生化影响因素的关系分析 ·············· 047

4.2 国土经济空间 ·············· 053
  4.2.1 国土经济空间概况 ·············· 053
  4.2.2 国土经济空间与核生化影响因素的关系分析 ·············· 058

4.3 国土核生化工业园区 ·············· 062
  4.3.1 国土核生化工业园区概况 ·············· 062
  4.3.2 核生化工业园区与核生化影响因素的关系分析 ·············· 066

第5章 国土安全空间塑造过程中的预警体系 ·············· 071

5.1 美国战略预警系统 ·············· 072
  5.1.1 美国战略预警系统的组成 ·············· 072

  5.1.2 美国战略预警系统的关键技术 …………………………… 076

5.2 其他国土预警平台 ………………………………………………… 082

  5.2.1 美国 CBRNResponder 平台 …………………………… 082

  5.2.2 美国 WebTAK 和 ATAK 系统 ………………………… 085

  5.2.3 美国 SIGMA + 项目 ……………………………………… 087

  5.2.4 美国 FirstWatch 系统 …………………………………… 089

第 6 章 国土安全空间塑造过程中的防御体系 …………………… 091

6.1 应对核生化袭击的导弹防御体系 ………………………………… 091

  6.1.1 应对核生化导弹防御的基本技术 ……………………… 091

  6.1.2 导弹防御的体系组成 …………………………………… 093

6.2 无人机对核生化武器的截击毁伤 ………………………………… 094

  6.2.1 无人机运用传统武器截击 ……………………………… 095

  6.2.2 无人机对核生化武器的新概念截击 …………………… 096

第 7 章 国土安全空间塑造过程中的力量体系 …………………… 098

7.1 美国联邦应急力量 ………………………………………………… 098

7.2 国内地方核生化防护体系 ………………………………………… 100

  7.2.1 地方核生化防护体系的力量 …………………………… 100

  7.2.2 地方核生化防护体系的编组 …………………………… 101

  7.2.3 国内地方核生化应急体系力量建设存在的主要

      问题 ……………………………………………………… 104

第 8 章 国土核生化安全空间塑造过程中的指挥体系 ……… 105

8.1 美国核生化应急指挥控制 ………………………………………… 105

  8.1.1 指挥小组 ………………………………………………… 106

  8.1.2 行动小组 ………………………………………………… 107

  8.1.3 行动支持小组 …………………………………………… 108

  8.1.4 后果管理小组 …………………………………………… 109

8.2 国内地方核生化防护指挥体系 …………………………………… 109
　　8.2.1 地方核生化防护指挥体系的工作职责 ………………………… 110
　　8.2.2 地方核生化防护指挥体系的指挥平台 ………………………… 110

第9章　国土核生化安全空间塑造过程中的行动体系 ……… 115

9.1 美国核生化应急行动体系 ……………………………………… 115
　　9.1.1 概况 ………………………………………………………… 115
　　9.1.2 事件响应阶段 ……………………………………………… 116
9.2 核生化突发事件处置流程 ……………………………………… 117
　　9.2.1 核/放射突发事件处置流程 ………………………………… 117
　　9.2.2 生物突发事件的处置流程 ………………………………… 129
　　9.2.3 化学恐怖事件的处置流程 ………………………………… 133
9.3 国内核生化应急行动体系 ……………………………………… 141
　　9.3.1 核应急行动 ………………………………………………… 142
　　9.3.2 生物应急行动 ……………………………………………… 144
　　9.3.3 化学应急处置行动 ………………………………………… 146

第10章　外军参与反恐及事故应急救援典型案例汇编 ……… 150

10.1 日本自卫队参与福岛核电站核事故救灾 …………………… 150
10.2 美军参与应对福岛核电站核事故 …………………………… 156
10.3 俄军核生化防护部队救援处置炭疽疫情 …………………… 158
10.4 意大利军队处置化工厂爆炸事故 …………………………… 161
10.5 日本自卫队参与应对东京地铁沙林事件 …………………… 163
10.6 美军参与应对炭疽邮件事件 ………………………………… 166
10.7 苏联防化部队参与应对切尔诺贝利核泄漏事故 …………… 170
10.8 俄军参与解救莫斯科人质行动 ……………………………… 173

后记 ……………………………………………………………………… 175

参考文献 ………………………………………………………………… 176

第1章 核生化武器技术进展与战争中的核生化威胁

开展国土核生化安全空间塑造的理论研究，必然要涉及多种核生化威胁与危害。例如国家间的核生化武器威胁与危害，由于战争手段袭击核生化设施造成的核生化次生灾害，以及恐怖袭击或核生化事故产生的核生化威胁与危害等。因此，国土核生化安全空间塑造理论研究，必然要以世界各国核生化武器技术进展的先导为基础，然后展开多维、多视角的战争核生化威胁预测。

1.1 核生化武器技术进展

科学技术的发展及其在军事领域的运用，促进了作战样式和手段的不断变化。通过制造病菌传染杀伤敌人及开展相应的卫生防疫治疗等手段，在人类战争史上由来已久。第一次世界大战拉开了现代化学战的帷幕，并在战争进程中增加了毒剂种类与施放系统，其杀伤途径和所造成的杀伤效果，对作战行动和战争结局的影响极为广泛，不仅产生了化学防护这一军事专业领域，还相继出现了化学兵以及化学观察、化学侦察、实施消毒、化验和指导部队群防等防化保障工种。第二次世界大战末期，美军在日本广岛、长崎投掷了两颗原子弹，拉开了核防护专业领域的帷幕。第二次世界大战后几十年间，随着核生化武器与技术迅速发展，更多的国家开始拥有大规模毁伤性武器技术或武器。尽管与当时美国及苏联（俄罗斯）的核生化武器威胁相比，其他国家在武器和投射系统方面的能力有限，但大规模毁伤性武器被实际使用的可能性不断增加。军备控制、核不扩散和反核扩散的能力虽然加强，但核生化武器仍在发展和扩散，其潜在威胁并没有消失。特别是近年来作战样式和作战理念的不断变化，次生核化灾害的产生和非致命性武器开始应用于战场，跟踪核生化武器的技术进展显得尤为重要。由于民族、宗教、地缘政治等诸多复杂因素导致的核生化恐怖袭击，也使核生化威胁形态日益多元化。

1.1.1 核武器技术进展

由于美俄两国拥有世界上最悠久的核武器发展史、最大的核武库和最雄厚的技术储备，因此本书介绍的核武器技术进展以美、俄两国为主要代表。基于多方面的公开报道，可以发现核武器技术进展有如下几个特点：

1. 核弹头破坏杀伤技术不断增强

（1）核弹头威力多样匹配增强。目前世界主要核大国核弹头已形成系列化，从十吨级、百吨级、千吨级、万吨级、十万吨级到百万吨级，达到了威力的多样匹配，具有作战选择的灵活性。

（2）核弹头比威力高。目前世界主要核大国核弹头的比威力（弹头单位重量的爆炸威力）都比较高，有的已达到理论值。如美国"民兵"-3型洲际导弹的MK-12（W88）弹头比威力已超过3000t/kg。

（3）核弹头性能日趋提升。目前世界主要核大国大多数核弹头的威力是可调的，并可以选择多种爆炸方式。例如能通过控制参加反应的核物质数量调节爆炸威力，并可选择自由降落空爆、自由降落地爆、减速空爆、钻地爆等多种爆炸方式。

（4）核弹头安全可靠性增高。目前世界主要核大国对所有的核弹头都安装了先进的安全装置,如密码锁、指令失灵系统等,大大降低了核弹头意外爆炸的可能性。

2. 核运载工具生存突防能力不断提升

(1) 生存能力。核武器系统普遍进行了高强度的抗核加固(如发射井抗超压的能力可以达到 $140 kg/cm^2$),并采取了机动、隐蔽和分散部署、提高戒备率和缩短反应时间、扩大潜射导弹和战略轰炸机比例等措施,美国核运载工具普遍具有较高的生存能力。

(2) 突防能力。主要通过抗核加固、发射诱饵弹、实施电子和红外干扰、采用隐身技术等突防手段提高核运载工具的突防能力。例如美军 B-1B 和 B-2 隐身轰炸机的雷达反射面不小于 $1m^2$。

(3) 命中精度高、射程远、反应时间快。制导系统的改进将提高导弹的命中精度,有些导弹的命中精度可能达到 10m 级。随着固体发动机性能的提高和突防技术的发展,减少了弹头数目的陆基洲际导弹和潜射导弹,将可以装载更多的突防装置,突防能力将进一步提高,并可加大射程、携带威力较大的弹头,从而增强作战威力。其适用于局部战争的小、微型核弹头和特种核弹头已经开始出现。核武器装备的安全性和可靠性将进一步提高。

(4) 全目标覆盖能力。弹道导弹的最大射程为 14800km,通过洲际弹道导弹的梯次配置、潜射导弹的灵活机动、具有空中加油能力的战略轰炸机的有效配合,再加上弹道导弹的目标变换攻击能力(例如"民兵"-3 洲际导弹有四组预储目标数据),核运载工具可以将核弹头投至地球任一角落。

3. 战术性低当量核武器快速发展

自 20 世纪 80 年代末,在精确制导武器的广泛应用、超大威力常规武器投入实战、"体系瘫痪"作战理念与手段的实践完善,以及各类新概念武器研制向实战化推进等因素影响下,核武器在信息化局部战争中的影响已开始淡化与角色弱化的趋势。但是美、俄、英、法等国并未放弃战术核武器,通过科学技术的促进,战术核武器已变身为战术性低当量核武器。根据美国国家能源部、核安全管理局和瑞典斯德哥尔摩国际和平研究所公布的数据,至今美军战术核武器的数量仍保持在 5000 枚左右,其中还有 790 余枚处于保存备用状态,如需使用则可在短时间内转向部署阶段。其主力为 B61-3、B61-4、B61-7、B61-11 核航弹,另外还配备少量 W80 核弹头的巡航导弹。上述战术核武器中的 150 枚(B61-3 和 B61-4)核航弹部署在 5 个欧洲国家基地,即意大利阿维亚诺和盖迪、德国比歇尔、土耳其因契尔利克、比利时克莱恩·伯格和荷兰沃尔凯尔。北约国家空军战斗机均可携带美军战术核武器以执行核打击任务。根据 2017 版《美国国家安全战略》,美国在未来 20 年将继续推进核武器现代化。美军和北约盟国军队已实现对战术核武器的弹药、飞机和武器储存系统的升级,其重点就是 B61 系列核航弹。作为美国热核重力炸弹,B61 核航弹于 1963 年设计成功且于 1968 年正式服役,并发展出多个衍生型号。由于 B61 核航弹为传统自由落体炸弹,在恶劣天气条件下其打击高价值目标时的精度易受影响,因此美军近年来通过调控核爆当量、加装飞行控制组件和精确制导组件来实现 B61 核航弹的现代化升级。该武器在配备了波音公司新的尾翼和内部制导系统后,成为美国第一枚制导的核重力炸弹。B61-12 的圆概率偏差仅为 30m,且它的炸弹威力可以通过当量调节。美军为 B61-12 研制了配套的"载机监测控制系统"(AMAC),操作员可根据目标类型配置相关参数、选择起爆当量,有 300t、5000t、10000t、50000t 等数个挡位可选,还可选择空爆、地爆等起爆模式。2016 年以来美军已进行多次 B61-12 的空投试验。美国国家核安全管理局称,空投试验主要是检测该核武器的"非核函数工作状态",其次是了解战斗机投掷该武器的效果。按计划,B61-12 已经于 2017 年 8 月开始全面研制试验与评价活动,2018 年 10 月投入低速初始生产,至 2026 年完成耗资 4000 亿美元的核武器现代化更新计划时,美国将生产 2000 枚以上的 B61-12。B61-12 最终将搭载到 F-35A 战斗机、B-1、B-2 轰炸机和北约盟国的各型战斗机。另外美军计划除"民

第1章 核生化武器技术进展与战争中的核生化威胁

兵"-3陆基洲际导弹以及"三叉戟"Ⅰ-C4、Ⅱ-D5潜射洲际导弹携带W62、W76、W78核弹头外,核巡航导弹以及核航弹弹头将全部整合为B61-12配置的统一型号弹头。

俄罗斯在2000年明确摒弃了苏联"不首先使用核武器"的政策。由于其常规军事力量在20世纪90年代经济和社会崩溃中已经不再具备苏联军队的压倒性优势,俄罗斯出台了"降级"理论。即当俄罗斯遭遇超过其常规力量的大规模进攻时,俄军可以使用战术核武器进行前线反击。2010年前后俄罗斯常规力量走向复苏,其作战理论修订为可以在"将危及国家存在"的局势中动用核武器。近年来随着俄罗斯与美国关系恶化,在其经济再次呈现衰退的阶段,俄罗斯仍然尽力推进常规军事力量的现代化,因此其战术核武器的运载平台和制导方式都在不断改进升级。至今俄罗斯最少有1000多枚非战略核武器,其中有128~210枚弹头分派给了俄罗斯地面部队。俄罗斯海军拥有约330件战术核武器,而俄罗斯空军拥有334件非战略武器。与此同时,俄罗斯防空部队拥有68~166件装在各类地空导弹上的战术核武器。在陆战场,俄罗斯"蛙"系列战术核火箭已被射程达120km且反应时间更短、打击更精确的SS-21"圆点"导弹取代。俄罗斯在面向北约方向部署了500套"蛙"火箭和"圆点"导弹。俄罗斯海军将SS-N-15"海星"导弹大量装备在"阿库拉"级、"奥斯卡"级、"台风"级、"基洛"级和"德尔塔"级等潜艇上,可使用标准鱼雷管(直径533mm)发射,最大发射深度50m;其采用惯性制导,动力装置为固体火箭发动机。该导弹能携带90R核深水炸弹,TNT威力达20000t,杀伤半径5km;也能携带82R鱼雷,射程15km。该导弹主要是用低频主/被动声呐和拖曳声呐测定目标。声呐获得的目标数据经计算机处理后,将有关数据和程序输入导弹。SS-N-19"花岗岩"巡航导弹的最大射程达600km,高空飞行速度马赫数2.5,低空掠海巡航速度马赫数1.5,是世界上首型速度超过马赫数2的反舰导弹。该导弹可携带当量为500kt TNT的核弹头,至今仍在"基洛夫"级核动力巡洋舰、"库兹涅佐夫"号航母以及"奥斯卡"级核潜艇上服役。俄罗斯防空军国土防空体系中，S-300PS/S-300PM（北约代号 SA-10D/E，美国代号 SA-10B）是可以使用核弹头的导弹型号，于1985年起服役。该防空导弹系统使用基于 MAZ-7910 型 8×8 重型越野车的运输—起竖—发射一体化车、机动雷达车及机动制导站。

目前世界主要核大国仍在进一步探索核武器发展的新技术，继续推进小型核武器、智能化核武器及第三代核武器（如 X 射线激光武器、核电磁脉冲弹等）的研制工作。在某些国家已经开始了第四代核武器（如金属氢等无污染的武器）的研制工作的探索。

1.1.2 生物武器与生物颠覆性技术进展

由于《禁止生物武器公约》的全球性签署，传统型生物武器已经转入消退或隐蔽状态。但生物武器技术的研究方兴未艾，总体呈现美国一家独大、全球领先的局面。美国通过重大科技计划继续提升，巩固美国生物科技强国地位，使得生物科技已经完全迈入工程生物学的时代。美国拥有强大的工程科技实力和人才队伍，平均每5年的研究周期就能提出2~3个，甚至一批既有引领性又具有操作性的生物科技新概念、新领域，从而继续影响世界生物科技创新格局和生物安全格局。

随着生命科学的飞速发展，生物武器研究技术积累的潜在军事价值日益凸显，美国国防高级研究计划局（DARPA）于2014年4月专门成立了生物技术办公室，将原来分散于其他部门的生物与医学技术进行统一。通过整合病原生物学、计算机科学、物理学、数学和工程技术的多学科平台，面向美军战略需求提供一系列战略解决方案和技术支撑。DARPA围绕预警、预防、诊断和治疗4个方面为应对传染病大流行进行整体布局，旨在开发颠覆性技术平台，提高未来快速应对突发传染病疫情的能力，为美军培育强大的技术优势。同时，美国近年来投入大量资金进行生物安全科学研究，制定了生物盾牌、生物监测和生物感知三大计划，并在疫苗研发、生物监测预警关键技术以及

第1章 核生化武器技术进展与战争中的核生化威胁

生物探测等方面取得了实质性进展,加强针对中俄的生物技术研究。俄罗斯安全会议秘书帕特鲁舍夫曾指出,美国把军用生物技术研究资源的分布范围和生物安全监测的战略重心,集中在中俄两国周边的44个与美建立生物安全重点合作伙伴国关系的国家,企图与之共同构建起全球化的生物联盟。

1. 新质生物战剂研发

DARPA 专家认为,合成生物学、基因编辑、神经技术和传染病技术等正在快速发展,生物科技有可能从根本上改变国家安全图景。美军拥有至少7家生物安全研究机构,履行不同的职责。美国陆军传染病医学研究所致力于针对生物战剂和传染病原的医学防御研究;陆军埃奇伍德化学生物中心的生物测试部一直在位于犹他州达格威的试验场从事生物和化学武器的测试工作;位于马里兰州阿伯丁试验场的陆军埃奇伍德化学生物中心致力于非医学类化学和生物防御研究,职能包括防御检测装备研发、生化试剂生产和维护、气溶胶科学研究等;海军医学研究中心从事基础和应用生物医学研究以满足美国海军和海军陆战队作战需求;海军水面作战中心达尔格伦分部在所有与系统科学相关的领域进行基础研究;空军711号部队则通过研究、教育和咨询来提高人类的空间作业能力,保障飞行员健康和面对复杂环境的作战能力。

(1)通过技术整合构建全新生物战剂。通过标准化的遗传部件库、成熟的模型和其他量化工具,模拟生物学设计、使用开源DNA组装方法,以及创建合理设计的遗传"电路"。这些遗传"电路"加速了病原体基因组的合成速度和突变能力,缩短了制造生物战剂的时间。通过工程化设计合成基因组来生成自然存在的生物体。重构已知致病病毒,获得复杂的形状特征,产生耐药性,逃避免疫系统,增加细菌的致病性,合成和启动全新的病原体。这些大大超出了大自然病原体种类界限,生物危害呈现方式具有不可预测性,给生物防护带来了新的挑战。合成生物学是实现大规模制造的一种途径,其发展将导致一种新型制造模式的产生。2017年，加拿大阿尔伯塔大学教授戴维·埃维斯团队将邮件订购的重叠性DNA片段拼接在一起，成功合成类似天花的马痘病毒，但世界卫生组织反对拥有20%以上的天花病毒基因组。2019年7月，美国疾病控制与预防控制中心的研究人员成功合成了埃博拉病毒，是病毒感染诊断试验及实验性治疗研究的部分成果。

（2）拓展生物合成战剂攻击效能。合成生物学可越过生物战剂生产、稳定化（利用农作物喷雾器喷洒或耐受其他大规模扩散手段）、测试和释放相关障碍，增强现有病原体或创造新病原体，同时增加攻击类型的可能性，挖掘生物战剂潜力。美国国家科学院编写的报告《合成生物学时代的生物防御》中强调通过生物学进步可导致几乎无限可能的恶意活动。从防御方面看，目前国际社会尚不具备在数月内生产针对新型病原体的新疫苗与药物的能力。2019年2月，美国研究人员Benner团队，通过使4种合成核苷酸（Z、P、S、B）与4种天然存在于核酸中的核苷酸相结合，首次构建出由8种核苷酸组成的DNA，将其称为hachimoji分子，其信息存储容量是天然核酸的2倍，形状和行为都像真实的分子，并证实其能够在体外进行复制和转录，给生物防护带来前所未有的挑战。

（3）通过修饰生物物种改变地区生态。2016年，由DARPA负责的"昆虫联盟"项目，开发昆虫基因改造病毒扩散系统，利用昆虫使作物感染特定的病毒，从而加强作物应对干旱、疾病和生物恐怖袭击等威胁的能力。项目引发广泛关注，该研究被认为是农田中散播工程化的传染性转基因病毒直接编辑作物染色体，实现对目标物种的遗传物质修饰，一代代传下去，被认为是一种杀死植物的武器。2017年7月，谷歌母公司Alphabet旗下生命科学公司Verily为了消灭携带寨卡病毒的蚊子种群，让雄性蚊子感染沃尔巴克氏菌。这种菌对人体无害，但与雌蚊子交配时，就会感染对方，导致它们的卵无法产生后代。这种基因编辑技术可用于基因驱动进入地方性昆虫或其他害虫种群（媒介种群），以帮助递送有毒或有传染性的生物剂。基因驱动技术可以迅速地在整个种群中传播人为改造的基因，存在严重的国家安全危险，

第1章 核生化武器技术进展与战争中的核生化威胁

并有可能导致物种灭绝，改变整个地球生态系统。

2. 人体机能控制技术开发

（1）脑科学发展和生物智能技术为控制人类大脑提供路径。

通过研究强化脑解析、类脑模型与类脑信息处理、神经接口和脑机接口等问题，为人工智能借鉴脑信息处理机制提供突破基础，搭建类脑智能框架。类脑芯片（参考人脑神经元结构和人感知认知方式来设计的芯片）与计算机平台通过借鉴脑神经系统的工作原理实现高性能、低功耗的计算系统，终极目标还要达到高智能。2014年，美国IBM公司推出TrueNorth芯片，借鉴神经元工作原理及其信息传递机制，实现了存储与计算的融合。该芯片包含4096个核、100万个神经元、2.56亿个突触，耗能不足70mW，可执行超低功耗的多功能学习任务。生物类的仿肌肉驱动器目前处在实验室研究阶段，主要利用动物活体细胞来充当驱动器。美国DARPA资助麻省理工学院研制的鱼形仿生机器人，由活体肌肉驱动，最大速度45mm/s。2019年7月，马斯克的Neoralink推出了前所未有的植入式柔性脑机芯片，实现了"生物智能和人工智能的结合"。神经科学与类脑人工智能的进步不仅有助于人类理解自然和认识自我，而且对发展脑式信息处理和人工智能系统、抢占未来智能社会发展先机都具有十分重要的意义。同时，神经科学和类脑人工智能相关技术本身存在"两用性"风险。通过研究各种形式的人体感知和驱动能力，以及生物反馈如何随时间改变人的大脑功能，开发基本神经接口，恢复视听能力，提高态势感知以及作战人员的认知和身体效能。生物智能技术不仅将改变作战样式，而且在人类历史上将首次改变战争的"代理人"。利用生物技术制备的镇静气雾剂或安眠气雾剂，可使对方思维障碍、躯体功能失调或使人昏昏入睡而暂时丧失战斗力，使人无法执行任务，还可能出现胡乱指挥、胡乱行动的反常行为。

（2）胚胎干细胞技术可保障人体机能提升战斗力。

2017年4月，美国密歇根州立大学等机构的研究人员首次利用

CRISPR/Cas9 基因编辑技术对猕猴胚胎进行编辑，也是美国进行的首个非灵长类动物的基因编辑，其非常接近人类机体的基因状况。同年 7 月，美国俄勒冈健康科学大学完成了首例人类胚胎编辑。科学家们还利用这一工具培育出了肌肉显著增强的动物。如果此类技术用于正常人类的增强，并用于作战，将创造出现实版"超级勇士"。利用干细胞生发特性，通过激活内源性干细胞或移植外源性干细胞，实现对损伤组织器官的修复，结合生物材料还能进一步实现对缺失组织器官的替代。在利用干细胞构建类器官方面，2013 年，美国、日本和奥地利等国利用干细胞分别构建了微型大脑、肝芽和迷你肾。至今，肝脏、大脑、胸腺、肠道、肺和肾脏等各种器官的构建已经实现。利用转基因技术，可实现人源器官构建，对战争中由枪弹或炸弹引起某个器官受伤的伤员进行有效救治，提高战场救护的康复率。美国索尔克生物研究所，成功将人类大脑器官移植到老鼠大脑内，创造了在老鼠体内存活 233 天的记录，并修复了老鼠的脑损伤。

（3）通过微生物群和免疫调节调控人体机能，影响作战人员的战斗力。

随着对免疫系统和微生物菌群的认识不断深入，利用生物制剂来递送生物化学物质，对人体内的微生物群进行攻击，瘫痪人体免疫系统，实现对人体控制。利用微生物菌群将功能性小 RNA（miRNA）、遗传物质等活性物质水平转移到本地微生物菌群中，借助肠道或皮肤微生物菌群转移至宿主体内，从而对人体健康造成各种影响。将工程化生物剂掺入饲料中，或污染动物活动区域，利用家畜作为微生物菌群传递的载体传播给人类，将大大提高机体的控制度；在种群中引入一种"启动剂"引发大范围广谱抗生素治疗，利用被治疗种群的"清洁状态"，借助微生物菌群引入或扩展工程化微生物，对正常菌群进行目标扰动，引入新的非致病菌群，导致人类健康和机能降低。通过有针对性地添加或改变微生物菌群从而加重发炎、皮疹、风寒和瘙痒等病情。免疫力普遍低下会对军事准备产生战略影响。如 1918 年的流感大流行可能是病毒的传染性和公共卫生状况欠佳相互作用引起的，是第一次世界大战军事准备工作的重要影响因素。通过上调或下调免疫系统对特定病原体的反应或刺激自身免疫,实现人体免疫系统修饰。工程化设计免疫缺陷,是将食物或水中投放病原体或化学物质,降低免疫力,可提高生物攻击效果,也可通过工程化改造病原体避开现有的获得性或先天性免疫屏障;工程化设计高反应性,将炭疽致死毒素引入较为温和的疾病媒介可能引发细胞因子风暴,引发免疫系统的级联反应;工程化设计自身免疫,天然自身免疫疾病会导致严重的残疾和死亡,可以工程化设计一种使身体启动自身免疫的疾病。利用一些病原体可能存在与人体自身蛋白质非常相似的抗原,使免疫应答从病原体扩展到新的人体目标。

(4) 生物测序技术领先收集遗传数据,掌控人类生死后门。

以单分子 DNA 测序和纳米孔测序为标志的第三代测序技术,通过现代光学、高分子、纳米技术等技术手段区分碱基信号差异以测定序列,省略了聚合酶链式反应,有效解决了读长和系统偏向性问题。能够在 24 小时内完成个人基因组的测序,费用有望降至 100 美元,而且能够对序列进行测定。以 PacBio SMRT 技术测序读长为例,平均达到 10~15kb,是第二代测序技术研发之初测序读长的 100 倍。美国是目前高端测序设备输出国,而中国是基因测序市场的需求大国。基因测序技术产生的数据资源已经成为国家战略资源之一。许多用于 DNA 测序数据处理和分析的开源生物信息学工具都没有遵循最佳的计算机安全保障方法,留下了攻击漏洞。随着 DNA 存储技术的发展,利用 DNA 存储恶意代码能够攻击计算机,对测序技术进行定向破解,会给个人、生物技术、制药公司乃至学术研究机构带来严重风险,海量数据的隐私安全"黑洞"令人防不胜防。随着基因检测技术的发展,基因数据比指纹数据更敏感,理论上只需要大概 75 个在统计学上独立的 SNP(单核苷酸多态性)位点即可确定一个唯一的人,可以实现针对国家主要领导人或特定人员进行"专一性"攻击。美国国家科学院强调,信息是新生物学的基本单元,生物科技研发的数字化是大势所趋,网络生物安全随之兴起也是势所必然。美国现在已经开始了非常庞大的工程,把多尺度数据和多中心数据整合起来。一旦做成,将会带来不可想象的后果，国内也应该开展类似的数据整合工程。从 DNA "特洛伊木马"攻击，到高价值的生物科技知识产权或敏感的个人健康信息被网络窃取，从关键的联网医疗仪器和设备遭受网络攻击，到"云"共享的基因组数据完整性遭到破坏和未经授权的访问等，相关的计算系统、软件和算法自带的网络生物安全风险，一旦放在"安全放大镜"下审视，安全漏洞被发现概率将会激增。

3. 战场支持生物材料研发

依靠酶工程的发展而研制出来的能降解生物毒剂的特殊酶，通过化学方法或生物工程技术固化在防护材料上，就可以制成能自动解毒的生化防护服，经得住生物武器的袭击。通过研究，人们发现蜘蛛网中的蛛丝蛋白抗冲击力很强，利用生物技术可以生产大量的蛛丝织成防弹衣，其效果比现在世界上任何防弹衣的功能都好。用这种材料可以制造重量轻、抗弹能力强的防弹衣、头盔、帐篷、睡袋和降落伞绳子，还可用于防弹车、坦克装甲、碉堡和工事的结构材料，以及用在舰艇、飞机和航天工具上。随着科学技术的不断提高，专家们在蝴蝶、蛇和斑马等自然保护色的启示下，逐步研制出了伪装网、迷彩服、伪装涂料等，对人员、工事、阵地、武器装备及后勤设施等进行伪装，达到了以假乱真、使目标隐蔽得无法察觉的效果。近年出现的"隐身衣"是现代战争中保存部队战斗力的重要装备之一。穿上它，在可见光下，敌人的肉眼难以辨认。尤其是防红外追踪的"隐身衣"上的各种颜色，除对可见光的反射与背景一致外，对红外光的反射也与背景一致，从而大大增强了隐身效果。此外，科学家利用生物技术研制出一种能随着自然环境自动变色的变色纤维。用它做成的变色服，可以随地貌的变化交替呈现不同的颜色，即使敌人用任何现代化的侦察仪器搜捕也将无济于事。

1.1.3 化学武器技术进展

由于《禁止化学武器公约》的全球性签署，以及信息化战争的快速发展与装备需求格局的变化，传统化学武器在正规战场的应用前景已日渐式微。2016年8月31日，美、俄等8个缔约国宣布已销毁497万件化学武器弹药和容器，至此缔约国宣布的72304t库存化学武器的93%已被销毁。根据公约规定，化学武器的最后销毁期限是2012年4月29日，但俄罗斯在2020年完成销毁，而美国延期至2023年。因此总体来看，化学武器销毁依然处于严重滞后状态，并且具有一定的战争应用隐患。另外，化学技术的发展促进了化学武器的更新换代，公约之外的新型化学武器技术成为发展的热点。新毒剂不断出现，二元化学武器主导未来趋向，失能性化学战剂种类繁多。新型化学武器往往毒性更大、作用更快、毒害作用特殊，实用性增强。例如，从近年来多起化学暗杀事件可以看出，新型化学毒剂仍在持续发展。叙利亚化武事件则表明，在落后国家和地区多派别内乱混战状态下，使用化学武器仍然是大国操控搅局的隐秘手段，也是形成针对潜在对手制造战略构陷的可用资源。但是与核武器和生物武器相比，化学武器的研发总体处于较小规模和隐秘状态，因此本节不再详述。

1.2 战争潜在核生化威胁预判

根据当前世界各地局部战争的实际情况和对未来十数年作战样式预测，可以看出在常规军事实力接近的前提下，没有任何一方能够占据战场的绝对优势；核生化武器袭击和对核生化设施的打击，仍然可以对战争进程造成重大影响和关键扭转。因此未来十数年，战争潜在的核生化威胁不可忽视。

1.2.1 战争潜在的核威胁预判

当前，世界安全局势波谲云诡，核武器仍充当着强国之间相互制衡与战略博弈的底牌与砝码。核威胁预判主要包括强国持续铸造核实力、新型核武器威胁向实战化演进以及有核国家的核武器与核设施遭袭等多种情况。

1. 强国持续铸造核实力

在大国战略核军力接近均衡的前提下,战略核武器对陆地和海上目标实施战略核打击的可能性微乎其微。但是强敌核战略预警系统与核作战指挥信息系统融入云环境,可形成军种融合并稳定抗毁的战略—战役—战术一体化网络信息体系,信息节点的抗毁冗余度已达50%,以及低当量核武器可实现战略、战役、战术的跨阶运用等发展趋势,都使核作战指挥稳定性提高、核武器使用门槛下探。在未来十数年里,新型核力量威慑与实战并重的色彩将更加突出。

例如,根据美国能源部和美国国家核安全管理局2021年底发布的《核武器库存管理计划》数据,美军核弹头有4项研制生产规划。①开始生产W87-1核弹头,以替换陆基"民兵"导弹的W78弹头。②开始交付海军W76-2弹头,形成海基"三叉戟"导弹的低当量核打击能力。将W76-1弹头使用寿命延长到2048—2058年,与最新型的W88核弹头一起形成海基"三叉戟"导弹的高当量核打击能力。③美军将退役的B61-4核航弹的核弹头转为B61-12使用,并开始接收B61-12核炸弹。原先由B-52轰炸机搭载B83-1核炸弹转由B-2轰炸机携带。④继续推进W80-4弹头研制,确保2026年可装载于美军新型远程巡航导弹。

为实现上述规划,至2026年美国洛斯阿拉莫斯国家实验室将实现年生产多个钚弹芯;至2030年美国萨凡纳河厂区也将实现年生产多个钚弹芯;使用两个核反应堆生产氢弹头所需的材料。在新核弹头研发生产过程中,重点开展动态压缩钚的温度控制研究、弹头雷达以高超声速载入大气层的性能研究,从而使新弹头具备显著的智能化能力。综上研判:尽管美军库存和待退役的核弹头已达3000余枚,但其仍继续推进新型智能化核弹头的研制生产,部分用于替换W78系列核弹头,部分用于W76-2和W80-4核弹头,部分用于在日本和关岛靠前部署的 B61-12 核航弹，从而重点打造陆基高当量、海空基低当量的打击能力。

2. 新型核武器威胁向实战化演进

搭载于超高声速平台并配备"超级引信"的核弹头可自动调整核弹头的打击精度与爆炸时刻，以取得最佳打击效果，并使遭袭国家和地区预警时间大大缩短。超高声速平台搭载常规弹头通过钻地效应和新型爆破技术导致的大面积破片分散，对核武器固定或机动发射阵地实施摧毁，从而使遭袭方陷入自身核污染的险境，并在国际法理上难以实施核反击。核动力巡航核导弹、核动力巡航核鱼雷等战略巡航武器的陆续出现，可突破国家反导体系的拦截网，摧毁陆上和海上军事要地。另外，还有以低当量核反舰导弹、核反潜导弹、核鱼雷等袭击敌方航母和战略核潜艇，以超低当量核防空导弹远域拦截敌方战略导弹和战略轰炸机等战役任务。金属氢、季铵盐武器等新一代无污染大规模杀伤性武器的隐蔽发展仍将持续。

3. 有核国家的核武器与核设施遭袭

有核国家的核武器与核设施遭袭催生的体系瘫痪后果，将危及战略方向的安全稳定，打乱以往信息化战争体制下既定的战役计划部署，并严重阻滞战术行动。例如核电站、核武器仓库、核原料贮存设施的遭袭，发动代理人战争并利用恐怖分子进行核物质袭击，放射性物质被偷盗并散布等，都将引起民众和社会恐慌，从而产生现实的核威胁与危害。

1.2.2　战争潜在的生物威胁预判

当前，各种类型的生物威胁由于存在广泛制造疫情的可能性，已成为国家和社会的巨大现实威胁。生物威胁预判主要包括未来生物武器具有战略意义的精确隐蔽使用将更加明显、各国和地区持续热衷于应用新型生物技术，寻找、开发新型生物战剂以及使用对人无严重危害的生物制剂制造农业生物恐怖等情况。

1. 生物武器战略性精确隐蔽使用将更加明显

各国和地区对传统生物战剂疫苗只是加以冷冻封存，在战时复活并用其进行战略性袭击的可能性极大。使用生物武器后，通过生物战剂气溶胶、生物毒素粉末、带菌媒介物等，对有生力量的致病杀伤作用，产生削弱联合作战部（分）队能力的生物杀伤环境；通过爆炸分散生物毒素粉末，布撒带菌媒介物等，对有生力量、武器装备、野战工事、地域道路的生物污染作用，及其形成的生物污染区、生物污染地段和疫区等，产生削弱、压制和迟滞联合作战部（分）队能力和行动的生物污染环境；通过打击生物设施后，由泄漏的可致病生物物质形成的生物污染区、生物污染地段等，产生的影响联合作战部（分）队行动的次生生物污染环境。

2. 开发新型生物战剂方兴未艾

生物武器特别是传染性病原体的广域使用，已成为撼动国家安全体系的"杀手锏"，是实施对敌战略打击的有效手段。新冠疫情引发的社会灾害与国家动员预示着生物作战在混合战争中大有可为。通过推进高等级生物防御实验室建设，在海外开展隐蔽生物研究，新的致病微生物不断被发现，可能成为生物战剂的种类也在不断增加，从而使疾病武器化成为现实。美军的生物战剂研制重点已经开始转向基因选择性战剂、信号触发性战剂、生物调节性战剂、免疫突防性战剂和材料侵蚀性战剂等的研制，从而加速实施战场生态型控制。

3. 使用生物制剂制造农业生物恐怖

通过污染进口的食品、种子、肥料可以造成大量疫情爆发点和自然疫情爆发的假象。未来随着基因技术与合成生物学的发展，农业生物恐怖的物种靶向性、地区定向性、季节定制性会逐步凸显。社会经济危害效应、医学遗传致畸效应、生态环境破坏效应也会持续和突出。

1.2.3 战争潜在的化学威胁预判

当前,由于各种类型的化学威胁的转型与拓展,已成为影响国家整体国力、诱发或制约战争的关键因素。化学威胁预判主要包括在政治领域以化学手段强化战略控局、在军事领域以化学手段聚焦战役焦点与转折点的夺控、在资源领域以化学为目标奠定战争潜能、在科技领域以化学为目标占领前沿高地等情况。

1. 在政治领域以化学手段强化战略控局

重点是以化学事件、化学斩首、化学袭击为手段,着眼政治目的、强化战略控局。具体包括以违反公约为借口的化学战略构陷;以要员、要事、要地为目标的化学斩首;以民族分裂、宗教极端、暴力恐怖三股势力为代理人,以投毒、爆炸、施放形式在政治、经济、交通、工业、能源、科技中心和自然资源地域发动化学袭击。二战期间保加利亚国王乘坐专机发生的吸氧中毒致死事件、叙利亚战争化武事件、东京地铁沙林事件等历史教训值得汲取。未来应焦点关注的重点包括针对首脑机关的投毒与化学武器暗杀,精确打击与化学袭击并用,化学武器储备库遭袭,冲突中使用化学武器实施构陷、引导舆情、制造被动等,均可在短时间内制造伤亡、混乱与恐慌,形成爆发、变局、中止的战争节点。

2. 在军事领域以化学手段聚焦战役焦点与转折点的夺控

重点是以传统化学武器、新质化学武器、仿生化学药剂为手段,着眼军事目的、聚焦战役夺控。包括运用传统化学武器杀伤人员;运用新质化学武器毁伤装备;运用仿生化学药剂控体控地。第一次世界大战的化学战泛滥与两伊战争的化学战突击历史教训值得汲取。针对陆军、海军、空军的人员、装备以及基础设施的杀伤性、迟滞性、袭扰性化学袭击；以无人蜂群和微型地面机器人携带强腐蚀、高爆燃、高黏度、超细粒度武器对主战装备外壳、发动机以及对智能化、无人化装备的光学器件、电子元器件、线路进行毁伤；以仿生化学药剂对敌方作战人员进行大脑和身体机能控制，对争议地域形成未知污染或永久性污染，达成先期控制，均可在极短时间内形成人员杀伤、装备毁伤、控体控地的战争节点。

3. 在资源领域以化学为目标奠定战争潜能

重点是塑造己方的能源供给、高新材料、感知手段、装备制造优势并摧毁对手相应的战争基础要素。二战时，盟军对轴心国的战略袭击与封锁、信息化战争中的全域打击都是值得汲取的历史经验与教训。未来打击化工企业、能源基地引发社会动荡，扰乱战役布势，打断作战进程；输入冰毒、苯丙胺、咖啡因、三唑仑、羟基丁酸、安纳咖、丁丙诺菲、地西泮以及麦角酰二乙胺等新型毒品并在青少年群体扩散的新型鸦片战；切断能源输送渠道和高科技产品生产链条，均可摧毁战争基础潜力、阻断战争关键资源、破坏战争纵深环境，决定战争实力的综合体量。图1-1为国外某化工厂爆炸景象，其造成的工业损失与环境毒害的破坏后果不言而喻。

图1-1 国外某化工厂爆炸造成景象

4. 在科技领域以化学为目标占领前沿高地

重点是提升己方战争信息流、物质流、能量流的规模与质量，输送与聚合优势，并摧毁对手相应的战争基础要素。二战时盟军对轴心国的科技化学战争欺骗与封锁，20世纪80年代至今历次信息化战争中科技驱动形成的战力绝对优势都是值得汲取的历史教训。未来绿色化学、生命化学、催化剂化学、新材料化学、多尺度化学、计算机与智能化学竞争，高技术出口限制、学术交流限制、国家安全审查等技术并购阻断，深空深海深地能源、化学激光武器能源，特种化学打击技术、化学武器的新型防护技术、全季胺盐、金属氢等超级炸药技术，太赫兹等新型分析化学与光谱技术，智能铠甲、视觉增强等人体工效技术，仿生材料等机器人技术，脑控与体控药剂、信息传导剂等技术突破，均可占据基础科技制高点，形成化学科技封锁线，塑造战斗力提升加速器，决定战争实力所能达到的最终高度。

第 2 章 核生化事件与化生放核的多样化威胁

基于世界各国核生化武器技术进展的先导研究,展开多维、多视角的战争核生化威胁预测的同时,也要看到在非战争状态时的核生化事件以及由此衍生的化生放核多样化威胁。

2.1 核生化事件

核生化事件包括两类。一是核生化安全事件,主要是由于生产失误、管理失误、自然灾害、火灾、突发性外力袭击(比如坠机)等造成的核生化设施的泄漏与核生化设施的爆炸或燃烧。二是核生化恐怖事件,主要是指恐怖组织或个人为了达到某种政治目的或小集团利益使用核辐射、化学及生物武器袭击,或制造次生核化危害的恐怖活动,是一种或几种有毒有害物质(包括核放射性物质)释放的突发事件,能在短时间或较长时间内损害生命健康或危害环境,造成严重的公众及社会心理恐慌。城市恐怖活动主要袭击地点有地铁站、机场、学校、商场、大型会展场馆等人口密集的公共场所。由此可见,核生化事件主要包括可引起疾病、损伤、残废或死亡的有毒有害物质的泄漏、燃烧爆炸等核生化事故方式;以及人工布毒,爆炸施毒,制造泄漏事故,食物、饮水投毒,纵火施毒,环境染毒等核生化恐吓方式；具有突发性、群体灾害性、隐匿性快速性和高致命性等危害。

2.1.1 核事件

从国外对核事件的角度看，美国联邦法律对于核事件有完整和清晰的定义。在美国规范核能利用的基本法《1954年原子能法》及其修正案中，第二章第11条对核事件的定义是：发生在美国国内的任何事件，如果由于核原料、特殊核材料及核材料副产品的辐射性、毒性、爆炸性或者其他有害性导致了人身损伤、疾病、死亡，或财产的灭失、损毁，就属于核事件。此外，如果这些核物质由美国所有、使用或监管，即使上述情况发生在美国境外，或者在运输途中发生在不属于任何国家管辖的区域，相关事件也属于核事件。由于《1954年原子能法》的许多条款涉及核能的军事用途和核武器的试验与制造，所以这部法律中关于核事件的定义适用于美国所有"涉核"组织，包括掌握核武器的武装部队。

冷战结束后，特别是2001年"9·11"事件以来，美国面临日益严峻的核恐怖主义威胁。防范采用核武器、核辐射装置发动的恐怖袭击，以及做好应对这些袭击的应急准备，成为美国政府必须考虑的新问题。由此，在美国官方文献中，对核事件的定义有了进一步的发展。美国国土安全部2008年发布的针对核或辐射事件的应急反应计划中，把核恐怖活动包括到核事件的定义中。这个文件把核事件分为两大类：第一类是因疏忽大意造成的，或者是由于意外事故导致的；第二类是人为故意制造的。这两类事件的共同点是它们引发的核辐射泄漏对公众健康、国家安全和自然环境构成了实际的或者可预料的危害。第一类事件包括：民用核设施事故、联邦核武器制造厂发生的事故、核材料及核辐射源的丢失、运输核原料及核辐射材料时发生的事故、国内核武器事故、国外发生的对美国领土和所属水域造成影响的核事故等。第二类事件指（但不局限于）恐怖组织对美国进行的敌对行动，包括利用核武器、核辐射散布装置（即"脏弹"）和简易核爆炸装置袭击美国。图2-1为美国核反应堆爆炸后的严重破坏景象。

图2-1 美国核反应堆爆炸后的严重破坏景象

2.1.2 生物事件

生物事件主要包括两类。一是生物实验室或生物工厂、仓库由于生产、管理、自然灾害、意外人为灾害造成的泄漏与扩散。二是生物恐怖袭击。该类袭击的基本特征包括：存在易受攻击的目标人群，获取高度杀伤力的传染性生物战剂，制剂的稳定性，是否具备扩大生产规模的可能性以及制剂是否适合于大规模散布等。限制因素包括生物特性（如毒力）、环境因素（如紫外线导致快速腐烂）和传播方法（如湿式与干式气溶胶等不同散布方式）等。

根据形态和病理分类，生物战剂一般可分为细菌类、病毒类、立克次体类、衣原体类、毒素类和真菌类等6类。细菌类生物战剂一般包括炭疽杆菌、鼠疫杆菌、霍乱弧菌、土拉杆菌、布鲁氏菌等；病毒类生物战剂一般包括马尔堡病毒、胡宁病毒、裂谷热病毒天花、天花病毒、委内瑞拉马脑炎病毒等；立克次体类生物战剂一般包括引起流行性斑疹伤寒、地方性斑疹伤寒、落基山斑疹热等疾病的病原体。另外，像鸟疫衣原体属于衣原体类生物战剂；而毒素类生物战剂包括肉毒杆菌毒素、葡萄球菌肠毒素等；真菌类生物战剂包括粗球孢子菌、荚膜组织胞浆菌等。

这些生物战剂根据传染性可分为有传染性和无传染性生物战剂两类。传染性生物战剂如流感病毒、天花病毒、鼠疫杆菌和霍乱弧菌等；非传染性生物战剂如肉毒杆菌毒素、土拉杆菌等。而按伤害作用，生物战剂又可分为致死型和失能型两大类。致死型的生物战剂威力巨大，如天花病毒、鼠疫杆菌。失能型的虽然不会导致人员大量死亡，但能在短时期内使被袭击地区的大部分人员暂时失去活动能力，如委内瑞拉马脑炎病毒、葡萄球菌肠毒素等。美国疾病预防控制中心根据毒力和传播率将生物战剂从高到低分为 A 类、B 类和 C 类。A 类生物战剂是容易在人际之间进行传播，具有高死亡率，能够造成公共流行病的病原体，一般包括天花病毒、炭疽杆菌、鼠疫杆菌、丝状病毒的埃博拉病毒、马尔堡病毒、沙粒病毒的拉沙热病毒和胡宁病毒等；B 类生物战剂具有中度传播性，会导致中度患病和较低死亡率的病原体，一般包括伯纳特氏立克次氏体、布鲁氏菌属、鼻疽伯克霍尔德氏菌、甲病毒属、蓖麻毒素、产气荚膜梭菌、金黄色葡萄球菌和沙门氏菌属等；C 类生物战剂是指可以传播的病原体，一般包括尼帕病毒、汉坦病毒、虫媒病毒、黄病毒和结核分枝杆菌等。

2.1.3 化学事件

化学事件与核、生物事件类似。一是指以有毒有害化学品为袭击手段的恐怖活动。二是突发化学事故，也就是因战争、自然灾害或意外事故造成的化工厂、化学品仓库等化学品集中地域发生的化学性伤害事件。化学事件的主要危害因素是化学战剂和有毒工业化学品。

传统的化学战剂包括神经类、窒息类、血液类、糜烂类和失能类的制剂。根据停留时间，制剂可分为持久性和非持久性两种。持久性化学剂对没有防护的人员造成的污染危害超过 24 小时到几天或几周。相反，非持久性毒剂通常在更短的时间内消散，或失去对未受防护人员造成伤亡的能力。对暴露在这些危险中的人员的影响可能是直接的或延迟的。

大多数有毒工业化学品是以蒸汽形式释放的，这些蒸汽表现出与化学战剂相同的传播特性。蒸汽往往集中在自然的低洼地带，如山谷、沟壑或释放点下风处的人造地下结构。高浓度可能留在建筑物、树林或空气不流通的地区。美国交通运输部《应急反应指南》中列出的隔离和保护行动距离适用于有毒工业化学品的释放。如果释放的有毒工业化学品不详，则应采用《应急反应指南》中的大型泄漏距离。有毒工业化学品的释放在夜间最为危险。一般来说，由于温度较低，风力较小，夜间释放的下风危险区域要比白天大得多。在发生工业化学品释放时，最重要的行动是立即从危险的路径上撤离。大规模有毒化学品释放的最大风险发生在人员无法逃离附近区域而被蒸汽或爆炸效应所影响的时候。呼吸器、防护服和其他防护设备，可能只能提供有限的保护，防止有毒工业化学品的入侵。除非有迹象或其他信息表明现有的防护设备不能抵御危险，如果没有更合适的防护设备，应在立即撤离危险区时使用这些设备。

2.2 化生放核多样化威胁

2.2.1 化生放核事件的概念来源

化生放核事件是化学、生物、放射性和核（CBRN）事件的简称。从核生化事件威胁到化生放核事件，是部分西方国家对于核生化事件威胁概念的扩充和延伸。其中放射性与核事件，更清晰区分了核材料的放射源事件与核设施的突发事件。由于在全球范围内"核生化事件"的说法已经具有多年传承和广泛共识，因此本书在后续描述中涉及的核生化事件在范畴上等同于部分西方国家所指的化生放核事件。

2.2.2 化生放核多样化威胁

全球面临的化学、生物、放射性和核威胁呈多样化趋势，既有传统威胁，如化、生、放、核（CBRN）袭击和威慑，也有非传统威胁，如 CBRN 扩散、恐怖、次生灾害、工业事故以及重大新发突发传染病等。斯德哥尔摩国际和平研究所在 2019 年评估快速变化的政治环境中 CBRN 威胁的报告中称，随着政治环境的变化和技术的发展，与 CBRN 使用有关的威胁正在迅速演变，特别是在武装冲突中继续使用化学武器，凸显了现有军控协议的脆弱性。包括恐怖分子及其支持者在内的非国家行为者获取和使用大规模毁灭性武器或 CBRN 材料是对国际和平与安全的严重威胁。而随着经济全球化的快速发展，世界各国组织的国际性会议、体育比赛、展览（销）集会等重大活动越来越多，这些重大活动具有政治意义明显、活动规模宏大、国际国内影响广泛等突出特点。重大活动汇集各种领导人、数以万计的观众、媒体等，恐怖势力和极端分子常常选择国家或社会团体举办重大活动时期作为恐怖袭击的时机，疯狂进行大规模杀伤性的恐怖袭击活动，对社会影响巨大。核生化武器由于其使用隐蔽性强、成本低廉、危害范围广、社会影响大等特点而成为恐怖分子制造恐怖袭击、增加其影响力的首选武器，很可能在举办重大活动时制造核与辐射、生物、化学恐怖袭击。

2.3 核生化事件与化生放核多样化威胁的应对

就国家安全而言，除了加强生产安全管理、监督和应急来应对工业性、灾害性核生化事件外，对核生化事件恐怖袭击事件（或称化学、生物、放射性、核多样化恐怖威胁）做出更有效的反应可能会降低发起攻击者的动机。有效应对 CBRNE 事件是很多国家安全的优先事项。美国是最早提出反 CBRN 恐怖立法并建立相应的法律、法规体系最全面的国家之一。21 世纪以来,美国政府相继颁布了一系列应对 CBRN 恐怖危机的战略规划和法律法规。战略规划包括《反击大规模杀伤性武器的国家战略》(2002 年)、《化学与生物防御计划战略规划》(2012 年)、大规模杀伤性武器应对战略(2014 年)、《打击大规模杀伤性武器恐怖主义国家战略》(2018 年)和《国家反恐战略》(2018 年)等。欧盟委员会 2009 年 6 月 24 日发布《欧盟 CBRN 行动计划》,以防止恐怖组织利用 CBRN 材料对欧盟成员国发动袭击。该行动计划围绕防止非法获取 CBRN 材料,建立 CBRN 材料侦测能力,对利用 CBRN 材料进行的袭击以及有关安全事故做出有效反应等方面提出了具体措施。近年来欧盟在 CBRN 方面的行动战略和具体内容与美国已趋于同步。

2.3.1 应对核生化事件与化生放核多样化威胁基本原则与主要任务

1. 基本原则

从世界各主要国家应对核生化事件与化生放核多样化威胁的预案看,其基本原则可归纳为五方面。

(1)以人为本,减少危害。在核生化事件及化学、生物、放射性、核应急中,应高度重视人的生命权和健康权,把保障公众的生命财产安全和人身健康作为首要任务,最大限度地减少核生化突发事件造成的人员伤亡和危害,并切实加强对应急救援人员的安全防护工作。

(2)统一领导,分级负责。在指挥中心统一领导下,建立健全分类管理、分级负责、条块结合、属地管理为主的应急管理体制,在地方党委领导下,实行行政领导责任制,充分发挥军地专业应急指挥机构和事发地人民政府的作用。

(3)依法规范,职责明确。有关部门要按照规定的权限和程序依法实施应急管理、处置工作,维护公众的合法权益,使应对核生化突发公共事件的工作规范化、制度化，对所属机构和工作人员实行岗位责任制，明确其在应急工作中的职责，防止职责交叉。

（4）预防为主，协同应对。高度重视公共安全工作，坚持预防为主、常抓不懈，并将处置重大活动过程中的核生化突发事件作为应急工作的重要环节，坚持预防与应急相结合，常态与非常态相结合，认真做好各项准备工作。加强应急队伍建设，建立健全快速反应机制，提高核生化安保力量快速反应能力。建立健全联动协调制度，充分发挥军地相关单位、社会团体和志愿者队伍作用，依靠公众力量，形成统一指挥、反应灵敏、功能齐全、协调有序和运转高效的核生化应急管理机制。

（5）依靠科技，信息共享。加强核生化安保方面技术研究和装备研制，采用先进的监测、预测、预警、预防和应急处置技术及设施设备，充分发挥各类专家和专业技术人员作用，提高应对突发公共事件能力，避免发生次生和衍生事件。加强专业培训，定期进行演习，并做好公众宣传教育工作，提高公众自救、互救能力和应对各类突发公共事件的综合能力。在重大活动核生化突发事件应急工作中，要按照条块结合、资源整合和降低成本的要求，充分利用现有资源，避免重复建设有关设施、重复购置处置物资。要建立健全突发公共事件信息交流制度，实现信息共享。

2. 主要任务

核生化事件及化学、生物、放射性、核危害发生后，核生化安保及应急救援基本任务主要包括以下几个方面：

（1）立即组织人员撤离或者采取其他措施保护核生化危害区域内其他人员。指导群众防护、组织人员撤离是突发核生化事件后的首要任务，由于事件发生突然、扩散迅速、涉及范围广、危害大，在安保行动中，快速、有序、有效实施现场安全转送撤离是降低伤亡率、减少损失的关键。

（2）迅速控制核生化危险源，并对事件造成的危害程度进行检验、监测，评估事件危害区域、危害性质与危害程度。及时控制事件危险源是安保救援工作的重要任务，只有及时控制危险源，防止事件影响继续扩散，才能及时有效降低损失，尤其是对发生在国家重大活动举办场地或人口稠密地区的核生化恐怖袭击与事故，应尽快控制事件持续扩大。

（3）确定核生化恐怖袭击的性质、种类。查明确定事件的性质及种类，是核生化安保及现场处置的前提和首要条件。只有搞清恐怖分子究竟实施了什么性质的核生化恐怖袭击，使用的是什么样的方式、物质，才能为采取后续处置行动奠定坚实基础，进而采取针对性措施。核生化应急力量可充分利用人才、技术和装备优势，对事发现场内部、周围地区进行侦检，快速、准确分析鉴定，判定袭击性质、受染种类，为组织救援提供可靠依据。对不能现场确定的物质及时取样后送，由相关实验室进行分析鉴定。

（4）评估监测核生化危害程度及范围。核生化恐怖事件发生后，对核生化危害的主要方式、途径、扩散方向、距离、可能危害的范围和程度等快速做出评估预测，并适时组织监测，判定污染危害范围，根据污染（沾染）浓度分布情况确定不同程度的受染区边界，并进行标识和通报。随时掌握危害情况，是确定救援兵力投入规模、方向和救援范围、内容的重要依据。因此，对核生化危害的评估监测是应急分队反核生化恐怖行动的一项重要任务。

（5）做好现场洗消，消除危害后果。针对事件对人体、动植物、土壤、水源、空气造成的现实危害和可能的危害，迅速采取封闭、隔离、洗消等措施，对事件中的核辐射、有毒有害化学物质、致病生物，及时组织人员力量予以清除，并消除场地、土壤等的危害后果，防止对环境的持续危害和污染，对环境核生化物质造成的危害进行监测、处置，直到符合相关环保标准。

（6）协助抢救伤员，指导公众防护与撤离。核生化恐怖活动以核辐射、化学毒害、病毒感染等形式伤人，传播、扩散迅速，容易造成大规模伤害。反恐行动中，抢救核生化伤员的任务重、专业性强；在抢救伤员时按照先重后轻、先内后外的原则实施。此外，核生化恐怖活动发生后，首要任务就是确保公众的生命安全。因此，指导群众防护、保证公众安全是反恐行动的核心。应急分队要发挥专业特长，对公众的防护实施积极、有效的组织指导，要适时提出公众防护建议，并指导现场及附近群众利用就便器材和设施进行防护等。对需要撤离的区域，积极给当时现场指挥部门领导建议，及早决策并科学采取应对措施。对在重危害区的公众，发挥其全身防护器材的优势，积极协助其疏散撤离，并为其指明下一步洗消（消除、消毒）的方式与途径。指导公众自救互救重在平时教育、指导和演练，事发后到达现场再指导就为时已晚。

（7）查清事件原因，评估危害程度。事件发生后应及时查明人员伤亡情况，调查其发生原因和事件性质，评估危害范围和危害程度，做好相关调查工作。此外，核生化恐怖活动属于极其严重的刑事犯罪行为，必须让罪犯受到法律制裁。法律需要依据法定程序和确凿证据办事，为此，处置核生化恐怖活动时要根据要求，留存好犯罪证据、样品、实验数据和现场照片，积极配合协助司法系统人员采样取证。

2.3.2 关键要素与内容

核生化事件及化学、生物、放射性、核应急的主要因素和内容包括响应体系、力量体系、处置流程、装备体系、预案问题、安保培训与演练、安保计划维护和法规体制等。

1. 响应体系

响应体系是指在自然灾害、流行性疾病、化学品泄漏和其他人为危害、恐怖袭击和网络攻击等突发、重大核生化事件后，分别从预防、保护、缓解、应对和恢复5个方面进行的一系列完整的事件管理活动。因此响应体系是静态与动态的综合体。也可以视为关键要素与内容的总称。

2. 力量体系

在人员方面，核生化事件及化学、生物、放射性、核应急力量按照精兵应急、快速出动、合成编组、各司其职的原则进行编成。例如在重大活动核生化安保中，通过合理部署专业器材，有效使用专业人员，构建"人防与技防相结合，入场检查与机动巡测相衔接"的防控体系，实现对核、生、化恐怖袭击事件的整体防范；坚决防止核生化有毒有害物质进入场馆驻地，通过定点监测、巡测、复检，能第一时间发现放射性物质和常见有毒有害化学物质及毒素；最大限度地防止在活动场地内发生核生化恐怖袭击事件，迅速、妥善先期处置发生的核生化恐怖袭击事件，将损失和负面影响减小到最低限度，确保重大活动安全顺利举办。

在装备方面，核生化事件及化学、生物、放射性、核攻击应急处置装备是为保证人员在放射性污染物、毒剂、生物战剂、工业有毒等有害物质环境下免受伤害的侦检、防护及洗消处置的必备装备。侦检装备是预警事件及选择处置手段的主要设备，近距离测试方法多且较为准确，遥感手段还比较少，但所有分析测试手段均有其局限性，发展智能广谱测试技术是未来的方向。在需求上，平时核生化防护装备与战时有较大的不同。平时更为重视装备的报警与侦察一体、长时间无人值守、机器人侦察技术和物联网技术，以及与地方相关部门打通信息链路，实现信息共享等方面。为此深入分析核生化事件及化学、生物、放射性、核应急在不同时期的特点，有利于从信息化、无人化、可视化等方面提出核生化防护装备建设的不同需求，从而满足核生化安保、应急救援、反核生化恐怖等样式行动任务要求。

3. 处置流程

核生化事件及化学、生物、放射性、核应急处置流程一般包括预防、预备、响应和恢复4个阶段，尽管在实际情况中，这几个阶段往往重叠，但每一个阶段都有自己单独的目标，并且成为下一个阶段内容的一部分。这4个阶段的内容与应对措施如表2-1所示。

第2章 核生化事件与化生放核的多样化威胁

表2-1 核生化事件处置流程4个阶段内容与应对措施

阶段	概念	内容与应对措施
预防	为预防、控制和消除核生化突发事件对人员生命、财产和环境的危害所采取的行动	安全法律、法规、标准
		事件保险
		安全规划、信息系统
		风险分析、评估
		举办活动场地勘测
		建筑物安全标准、规章
		监测监控
		公共应急教育
		安全研究
		鼓励和强制性措施
预备	事件发生前采取的行动。目的是应对事件发生而提高应急行动能力及推进有效的响应	国家政策
		安保预案（方案、计划）
		安保通告与报警系统
		应急医疗系统
		救援中心
		公共咨询教材
		安保培训、训练与演习
		安保资源
		救援协议
		特殊保护计划
		实施核生化安保预案
响应	事件发生前及发生期间和发生后立即采取的行动。目的是保护生命，使财产损失、环境破坏减小到最小程度，并有利于恢复	启动应急通告报警
		启动救援中心
		提供应急医疗援助
		报告有关指控机构
		对公众进行应急事务说明
		侦察和封控危险源
		防护和疏散
		搜寻和营救

续表

阶段	概念	内容与应对措施
恢复	使群众生产、生活恢复到正常状态或得到进一步改善	移除危险源
		洗消、去污
		清理残局
		安保预案复查
		恢复重建

  预防工作就是从管理角度，防止重大活动和重要目标核生化突发事件发生，避免应急行动。例如制定安全法律法规、安全规划、强化安全管理措施、技术标准和规范，开展应急宣传教育等。

  预备工作是在应急发生前进行的工作，主要是为了建立安保与应急能力，目标集中在落实应急计划上。

  响应工作是发生核生化突发事件之前以及事故期间和事故之后立即采取的行动措施。响应的目的，是通过发挥预警、疏散、搜寻、封控、洗消、后果消除以及提供避难所和医疗服务等应急事务功能，使人员伤亡及财产损失降低至最小。

  恢复工作应在事件发生后立即进行，工作内容包括事件损失评估、移除危险源、洗消、去污、清理残局、安保预案复查和恢复重建等。

第 3 章 国土核生化安全空间塑造的基础研究

在国土面临的战争和平时潜在核生化威胁分析的基础上,即可展开国土核生化威胁安全空间塑造战略的系统研究。从理论科学的研究规范来看,任何理论研究均应包括概念研究、学说研究、模型研究与实证研究等诸多内容。由于本书涉及的研究内容具有一定的探索性和前沿性,因此概念性内容的原创性研究必不可少。为此国土核生化安全空间塑造的基础研究应包括国土核生化安全空间塑造的概念定义、对此概念的内涵和外延说明、国土核生化安全空间塑造应遵循的基本原则,以及具有现实性与可操作性的国土核生化安全空间塑造的方法途径等内容。本书除概念之外的其他所有内容,均可以视作学说研究。而模型研究与实证研究,除了少数引用国外的模型与结果外,还有待于后续进一步深入开展。

3.1 国土核生化安全空间塑造的概念

从理论研究的一般性规律出发,首先阐明国土核生化安全空间塑造的定义,并充分界定其概念及应包括的内涵与外延。

3.1.1 国土核生化安全空间塑造的定义

安全空间一词由来已久。从学术角度说，安全空间是为了保证社会系统或自然系统的正常运行以及在极端情况下尽量维持系统稳定运转而采取的手段、措施以及避灾应急场所的统称。安全空间所保护的系统涉及小到个体、大到社会，囊括了政治、经济、军事、社会民生和自然资源等各个领域。众所周知，安全研究和战争研究永远是密切相关的。安全空间一词引入军事领域，源于外军军事概念的发展。在军事领域，最早的安全空间的定义是基于保护而处于安全状态的战场空间，如美军基于"远程预警—低空反导—军种联合防护"打造的"战场核生化安全空间"等。美军提出的这一概念，实质上包括了从战略目标、战役军团、作战班组直至单兵的整个战场空间内的各类目标，以及上述目标核生化安全空间的塑造，具体见图 3-1。美军之所以提出战场核生化安全空间塑造这一概念，主要是基于当前信息化战争演变发展呈现出的混合战争的 3 个特点。一是军种作战界限模糊、作战空间多域融合；二是正规战与非正规战交织、军民参战力量多元融合；三是政治、经济、社会、民族、宗教问题聚集爆发，战争破坏性后果多样融合。在混合战争的发展全过程中，由于核生化作战与核生化防御作为大国间信息化战争全面对抗阶段的关键环节，触及国家安全的体系稳固。核生化因素将进一步凸显混合战争的总体战特征与复杂性特征，也是任何国家军队未来联合作战面临的复杂严峻挑战之一。因此，美军提出战场核生化安全空间塑造的概念在情理之中，这也是尽量避免美军处于核生化危险环境中作战的必然选择。对此我国面临的安全形势和军事斗争形势而言，是我国从不发动侵略战争，从不干涉他国内政；相反，破坏我们的国家安全和领土完整一直是强敌及潜在对手窥探图谋的目标。因此，我国国土自身的核生化安全是我国面临的重大安全问题之一。我国国土核生化安全空间涉及领土、领海、领空，涵盖境内的国土资源、众多城市、广大农村、铁路公路民航港口

第 3 章 国土核生化安全空间塑造的基础研究

等交通枢纽、能源中心、庞大的国民群体以及众多政治和军事目标等。因此国土核生化安全空间的塑造必须从国家整体战略、整体安全以及军事战略、战争与非战争行动的角度综合考量，达到"突出重点、兼顾全局"的目的。由此本书认为：国土核生化安全空间塑造是指综合运用各类防御手段，使国土空间全局尤其是各类主要目标和区域处于避免核生化威胁与危害的安全状态。

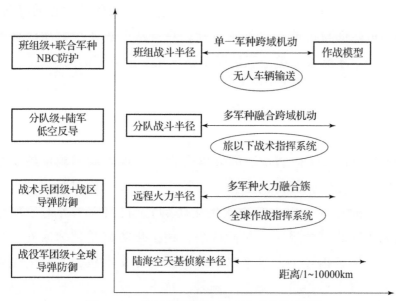

图 3-1　美军战场核生化安全空间的塑造

3.1.2　国土核生化安全空间塑造的内涵

在明确国土核生化安全空间塑造的定义后，可进一步展开概念的内涵与外延研究。国土核生化安全空间塑造的内涵是使国土空间处于避免核生化威胁与危害的安全状态。解析国土安全空间塑造的内涵应该是相对科学和完备的，而不是片面或狭隘的。从全方位深层次剖析的角度看，这一内涵侧重于达到"安全状态"的目标结果，主要包括3个方面。一是国土空间不仅指有形的国家领土、领海、领空等地理空间，也包括国土范围内的经济空间、城市空间、交通空间、资源空间、能源空间以及核生化园区空间等与国家、国民、国力密切相关的各类有形与无形活动空间和实体。二是因为核生化威胁是客观存在的，不会凭空消失；由于战争、恐怖行为、突发事件和自然疫情等原因造成的核生化危害，也不以人的主观意愿为转移。因此，避免核生化威胁与危害并不是使核生化威胁与危害完全不存在，完全发挥不了破坏性作用，而是尽量消除或降低核生化威胁与危害。三是安全状态的界定不仅包括要达到安全状态这一结果，也包括对威胁与危害的可防御、可控制、可降低与可消除等基本目标。只有从上述3个方面综合考量并融汇一体，才能较完整地表达国土核生化安全空间的内涵。

3.1.3 国土核生化安全空间塑造的外延

国土核生化安全空间塑造的外延是指为实现内涵所规定的安全状态而采取的各类防御行为的总称，也就是针对核生化威胁与危害的各类防御行为的总称（以下简称核生化防御）。目前学术界对于核生化防御尚无明确的概念界定。我们认为，核生化防御是在国家安全战略和军事战略框架指导下，运用军事、科技与外交手段，对核生化威胁及其造成的袭击后果进行降低、预警、抗击、反击和防护的行动。从全方位深层次剖析的角度看，这一外延侧重于实现"安全状态"要采取的手段和经历的过程，主要包括3个方面。

（1）对核生化威胁的降低。也就是基于政治和外交实体，采用政治和外交手段，积极参与或主导国际核生化军控、裁军和消防扩散，消减和限制核生化武器的数量和质量，防止更多国家和集团获取核生化武器和技术，建立国际监督、信任机制，以降低核武器和生化战的风险和危害程度。对核生化威胁的降低不但要建立谈判沟通的机制、运用智慧与方法，更要通过强大的情报与侦察系统形成核生化信息优势，进而形成决策谈判优势，因此降低核生化威胁的关键在于"信息与脑智"。在这一过程中相关分析模型的建立极为重要。

第3章 国土核生化安全空间塑造的基础研究

（2）对核生化袭击的预警、抗击与反击。美国、俄罗斯核生化防御政策较为激进，主张采取主动的核攻击与常规打击，综合运用太空部队或空军的卫星侦察、远程雷达探测、尖端武器拦截等实施有效防御。例如，对核生化武器指挥信息系统与战略通信系统实施电磁压制、网络攻击与体系瘫痪；对核生化武器装备实力的预先研判；对核生化武器来袭的提前预警与拦截；对核生化污染环境的无人化探测、态势感知、智能决策与趋势研判；对核生化武器袭击后的战场救援、环境修复与战斗力重构。

（3）开展核生化防护。目前各国均高度关注核生化防护战略。美国将核生化防护融入海外危机、冲突、和平行动、人道主义援助、全球范围内非战争军事行动等各类军事行动中，其核生化防护对象包括作战人员、各种各类民用目标、军队和军事设施，以保持任务部队在核生化环境中的持续作战能力。其他国家则主要实施总体防御战略，着重做好军民防护，避免和减轻核生化袭击造成的伤害和损失，及时消除可能造成的短期和长期后果。

综上所述，核生化防御具有鲜明的维护国家安全特征、主动特征、总体作战特征和军事科技外交综合手段特征等。从核生化武器诞生至今，对核生化防御能力在不断发展，其概念内涵与行动范围远远超过了核生化防护。由于混合战争中核生化威胁总体呈现门槛下探、动摇全局、节点激发、感知困难等多重特点，今后核生化防御比单纯的核生化防护具有更为广泛和现实的意义。随着核生化防御装备体系的创新发展，混合战争核生化防御理念将由以往的要点防御、战略防御、单一军种防御向全局防御、战役战术防御、体系联合防御拓展。防御的国土广域布局、群体智能联合、无人平台应用、多维分布抗击等特点将日益彰显。

值得指出的是，按上述概念的内涵与外延，应对强敌核生化威胁的国土安全空间塑造战略的完整性的系统研究将极为庞杂。因此，本书在阐述应对外部核生化威胁的国土安全空间塑造战略的系统研究过程中，将采取突出重点、牵引全局的方式，选择性地从国家、国土角度出发阐述主要问题和主要观点，为将来更加系统性和完整性研究奠定良好基础。另外，本书阐述应对外部核生化威胁的国土安全空间塑造战略的各类问题时，均统一为国土核生化安全空间塑造这一说法。

3.2 国土核生化安全空间塑造的方法途径

如前所述，国土核生化安全空间塑造是在国家安全战略和军事战略框架指导下，运用军事、科技与外交手段，对核生化威胁及其造成的袭击后果进行降低、预警、抗击、反击和防护的行动。因此政治、外交与军事途径就成为塑造国土核生化安全空间必需的方法途径。

3.2.1 政治和外交途径

由于核生化安全政策与国家的军事、政治和外交现实紧密联系，是核力量建设发展与运用的基本依据，是防止生物、化学威胁的基本政策指南，因此核生化安全政策的研究、制定和运用是对国家安全形象、政治战略和军事外交行动的强有力支撑。例如美国在历史上不断出台涉核生化政策性和战略性文件，包括《美国国家安全战略》《核态势评估报告》《核威慑政策》《国家生物防御战略》等在不同的历史时期展现美国核生化政策的不同侧重点，但核心出发点都是美国的政治和军事战略需求，形成了对美国核生化防御发展与运用的顶层指导。因此国土核生化安全空间塑造的政治途径包括核生化安全战略、威慑政策和力量建设等，都始终与军事、政治捆绑，并致力于借助国际公约立法、国际军控谈判、政策舆论宣传等方式实现成果落地与效应扩大。另外，在核生化安全政策明确政治底线和军事底线的前提下开展国土核生化安全空间塑造的政治行为时，要凸显舆论战的主动出击效

第3章 国土核生化安全空间塑造的基础研究

应、心理战的先发制人效应、法律战的法理明辨效应。其总体效果要遏制对手咄咄逼人的高压性威慑，逼其收敛后撤，防止对手执意的战略误判引发意外和危机，消减我国周边诸多热点区域的现实核生化威胁，助推安定防卫环境的建设与巩固。国土核生化安全空间塑造的外交途径包括双边或多边的国际军控与裁军谈判，防止核生化武器的扩散蔓延，建立沟通、信任和协作机制实现核生化态势的稳定可控和威胁的逐步削减。

3.2.2 军事防御途径

军事防御途径主要是对核生化袭击的预警、抗击与反击。以美国为例，核生化武器威胁、核生化恐怖威胁、禁止核生化扩散与国际军控合作，始终位列美国国家安全战略的关注顶层。为此美军核生化预警报知系统是涉及美军全球作战与美国及盟国国土安全防卫的战略—战术级多层次系统，其终端可达全球各地，而且延伸到外层空间，具有规模庞大、军地融合、整体联动、指挥高效等显著特点。因此，国土核生化安全空间塑造的军事防御途径意味着庞大的系统工程。美军防空指挥中心的防御工程如图3-2所示。美军用于战时核生化防护与平时核生化应急的典型装备如图3-3~图3-5所示。

图3-2 美军防空指挥中心的防御工程

图 3-3 美军"斯特赖克"核生化侦察车

图 3-4 美军 M50 系列防护面具

图 3-5 美军核生化洗消车组

3.2.3 非战争军事途径和民事途径

非战争军事行动是指武装力量为维护国家安全和发展利益而进行的不直接构成战争的军事行动,包括反恐维稳、抢险救灾、维护权益、安保警戒、国际维和、国际救援等行动。随着国家安全力量结构的演变,除了涉及武装力量参与核生化的非战争军事行动,以政府、国家应急力量和民间应急力量为主的民事途径,已成为国土核生化安全空间塑造的中坚,是平时参与核生化突发事件处置的骨干力量。该力量既包括侦检、防护、洗消、处置等核生化防护装备,也包括承担相关应急任务的专家组。伴随核生化威胁形势日趋严峻,世界各国无论是非战争军事途径还是民事途径,其核生化防护力量职责定位和使命任务可能进一步拓展,将成为非战争军事行动中反核生化恐怖袭击的核心力量,平时重特大核生化救援任务的支援力量,战时后方核生化维稳任务的关键力量。具体来看,其任务包括 3 个方面。

1. 重大活动核生化安保

重大活动,是指由单位(社团)主办或政府组织,在特定时间内,面向社会临时占用或者租用公共场所举办的,由不特定多数人参加的公共活动,主要包括体育比赛、文艺活动、展览展销、庆典、重大会议以及民间传统活动等。核生化安保,其对象主要是境内举办的各类重大活动和党、政、军重要目标,按行动性质可分为重大活动(重要目标)的安检与排查、疑似或恐吓事件的处理、核生化袭击的应急处置等。重大活动核生化安保,是安全保卫机构运用安全保卫力量依照宪法和法律规定,采取各种核生化防护措施和警戒手段,对危害重大社会活动安全的核生化突发事件所进行的防范和应急处置工作。在重大活动(重要目标)核生化安保行动中,安保力量可能承担安检排查、监控预警、侦察采样、检测鉴定、回收危害源、组织防护、污染监测和洗消等具体任务。主要包括在重大活动(重要目标)区域对人员、场地进行安检排查;对活动场地进行监控,及时发现核生化危害情况并预警;发现疑似核生化事件或遭核生化袭击时,查明核生化恐怖性质、种类、范围,标识危害边界;收集、提取核生化污染样品,鉴别核生化物质的种类;评估核生化恐怖影响范围及危害后果,提出后果处理建议;监测核生化危害变化情况,指导现场人员防护;对受染人员、装备、设施和环境等进行去污洗消,评价洗消效果;对现场发现的核生化污染源、可疑物项及洗消污染物实施回收处理。

2. 反核生化恐怖行动

反核生化恐怖行动,按遭袭主体可分为人员密集地区核生化物质散布事件、核生化设施目标遭袭事件、水源食品等遭核生化物质污染事件的快速处置等。在反核生化恐怖行动中,核生化应急力量将承担侦察采样、检测鉴定、回收危害源、组织防护、污染监测和洗消等具体任务。其任务范围与重大核生化安保类似,但在执行任务的过程中反核生化恐怖更强调行动的快速、指挥的一体化与力量的综合集成。另外,信息的发布与管控等认知类行动也是反核生化恐怖的重要组成部分。

3. 核生化事故应急救援

核生化事故救援,按事故主体可分为核生化设施事故救援、核生化运输(含海上和陆上运输)事故救援、核生化污染事故救援等。在核生化事故救援行动中,核生化应急力量可能承担侦察采样、检测鉴定、封堵危害源、组织防护、污染监测和大面积洗消等具体任务。总体上与核生化安保行动和反核生化恐怖行动类似。

核生化安保与反核生化恐怖行动、核生化事故应急救援息息相关,其威胁样式、力量运用和处置手段具有高度相似性。重大活动反核生化恐怖行动、重点场所(设施)核生化事故应急救援都含有核生化安保要素。

第4章 国土核生化安全空间的区域划分

国土核生化安全空间的划分，首先必然基于国家地理现实所形成的地理空间，然后在此基础上应涉及经济空间（含城市、交通、能源要素）以及核生化园区空间等重要板块。上述空间是国土构成与国力基础，也是核生化安全空间区域划分的核心内容。本书结合我国具体情况，就上述空间进行扼要叙述。

4.1 国土地理空间

国土地理空间是国家管辖的陆地、水域、空域的总称，是国民生存的场所和环境。我国广袤的国土面积和全面丰富的地理空间类型为工农业提供了多种多样的发展条件。

4.1.1 我国国土地理空间概况

1. 国土地形概况

（1）山区。人们通常把山地、丘陵和比较崎岖的高原称为山区。中国山区面积占中国总面积的2/3，这是中国地形的又一显著特征。山区面积广大，给交通运输和农业发展带来一定困难，但山区可提供林产、矿产、水能和旅游资源，为改变山区面貌、发展山区经济提供了资源保证。中国山脉东西走向的三列：由北而南为天山—阴山—燕山、昆仑山—秦岭、南岭。东北—西南走向的三列：从西而东为大兴安岭—太行山—巫山—雪峰山、长白山—武夷山、台湾山脉。南北走向的 2 条：贺兰山、横断山。西北—东南走向的有 2 条：阿尔泰山、祁连山。

(2) 高原、盆地。我国有四大高原，即青藏高原、内蒙古高原、黄土高原和云贵高原，它们集中分布在地势第一、二级阶梯上。由于高度、位置、成因和受外力侵蚀作用不同，高原的外貌特征各异。同时我国有四大盆地，它们多分布在地势的第二级阶梯上，由于所在位置不同，其特点也不相同。此外，著名的吐鲁番盆地也分布在地势第二级阶梯上，它是中国地势最低的盆地。

(3) 平原、丘陵。我国有三大平原，即东北平原、华北平原、长江中下游平原，它们分布在中国东部地势第三级阶梯上。由于位置、成因、气候条件等各不相同，在地形上也各具特色。以上三大平原南北相连，土壤肥沃，是中国最重要的农耕区。除此以外，中国还有成都平原、汾渭平原、珠江三角洲、台湾西部平原等，它们也都是重要的农耕区。中国丘陵众多，分布广泛。在东部地区主要有辽东丘陵、山东丘陵、东南丘陵。有些丘陵地区林木茂密，矿产丰富，有些丘陵被辟为梯田或蕴藏水能，还有的丘陵峰峦竞秀，成为著名的旅游胜地。

(4) 沙漠、湿地。我国荒漠化土地面积主要分布于 18 个省（区）的 471 个县（旗），沙化土地面积占国土总面积的 18.2%。按照《湿地公约》对湿地类型的划分，中国湿地分为 5 类。即 8 型沼泽湿地、4 型湖泊湿地、3 型河流湿地、12 型滨海湿地和 10 型人工湿地。其面积分别为 1370 万公顷、835 万公顷、820 万公顷、594 万公顷和 228 万公顷。

(5) 半岛、岛屿。我国海岸线蜿蜒曲折，有众多的半岛，其中主要的半岛有 3 个，即辽宁省的辽东半岛、山东省的山东半岛以及广东省的雷州半岛。辽东半岛位于辽宁省南部，由千山山脉向西南延伸到海洋中所构成。半岛南端老铁山隔渤海海峡和山东半岛遥相接应,形成渤海和黄海的分界。北部以鸭绿江口和大清河口为界,一般包括沈丹铁路以西到浑河、大辽河地区。面积约 3.7 万 km^2。山东半岛位于山东省东部,突出于黄海和渤海之间,隔渤海海峡与辽东半岛遥遥相对。由于其地处胶莱河以东,因此又称胶东半岛,面积约 2.7 万平方千米。雷州半岛因多雷暴而得名。地处广东省西南部,介于南海和北部湾之间,南隔琼州海峡与海南岛相望。南北长约 140km,东西宽 60~70km,面积约为 7800km^2。中国共有大小岛屿 5000 多座,岛屿岸线总长 1.4 万多千米。

(6) 河流、湖泊。我国是世界上河流最多的国家之一。中国有许多源远流长的大江大河,其中流域面积超过 1000 平方千米的河流就有 1500 多条。这些河流、湖泊不仅是中国地理环境的重要组成部分,而且还蕴藏着丰富的自然资源。中国的河湖地区具有分布不均、内外流区域兼备的特点。中国外流区域与内流区域的界线大致是:北段大体沿着大兴安岭—阴山—贺兰山—祁连山(东部)一线,南段接近巴颜喀拉山—冈底斯山一线。这条线的东南部是外流区域,约占中国总面积的 2/3,河流水量占中国河流总水量的 95% 以上。内流区域约占中国总面积的 1/3,但是河流总水量还不到中国河流总水量的 5%。中国湖泊众多,共有湖泊 24800 多个,其中面积在 1km^2 以上的天然湖泊就有 2800 多个。湖泊数量虽然很多,但在地区分布上很不均匀。总的来说,东部季风区,特别是长江中下游地区,分布着中国最大的淡水湖群;西部以青藏高原湖泊较为集中,多为内陆咸水湖。外流区域的湖泊都与外流河相通,湖水能流进也能排出,含盐分少,称为淡水湖,也称排水湖。中国著名的淡水湖有鄱阳湖、洞庭湖、太湖、洪泽湖以及巢湖等。内流区域的湖泊大多为内流河的归宿,湖水只能流进,不能流出,又因蒸发旺盛,盐分较多形成咸水湖,也称非排水湖,如中国最大的湖泊青海湖以及海拔较高的纳木错湖等。

2. 国土气候概况

中国幅员辽阔,跨纬度较广,距海远近差距较大,加之地势高低不同，地形类型及山脉走向多样，因而气温降水的组合多种多样，形成了多种多样的气候。

（1）冬季气温的分布。0℃等温线穿过了淮河—秦岭，季风区与非季风区的界线岭直达青藏高原东南边缘，此线以北（包括北方、西北内陆及青藏高原）的气温在0℃以下，其中黑龙江漠河的气温在-30℃以下；此线以南的气温则在0℃以上，其中海南三亚的气温为20℃以上。因此，南方温暖，北方寒冷，南北气温差别大是中国冬季气温的分布特征。这一特征形成的原因主要有纬度位置的影响，冬季阳光直射在南半球，中国大部处于北温带，由太阳辐射获得的热量少；同时中国南北纬度相差达50°，北方与南方太阳高度差别显著，故造成北方大部地区气温低，且南北气温差别大。另外冬季风的影响主要由于冬季从蒙古、西伯利亚一带常有寒冷干燥的冬季风吹来，北方地区首当其冲，因此更加剧了北方严寒并使南北气温的差别增大。

（2）夏季气温的分布。除了地势高的青藏高原和天山等地区以外，大部地区夏季气温在20℃以上，南方许多地方在28℃以上；新疆吐鲁番盆地7月平均气温高达32℃，是中国夏季的炎热中心。所以除青藏高原等地势高的地区外，中国普遍高温，南北气温差别不大，是中国夏季气温分布的特征。其形成原因有：①夏季阳光直射点在北半球，中国各地获得的太阳光热普遍增多。②北方因纬度较高，白昼又比较长，获得的光热相对增多，缩短了与南方的气温差距。

（3）降水和干湿地区分布。从中国年降水量分布图可看出：800mm等降水量线在淮河—秦岭—青藏高原东南边缘一线；400mm等降水量线在大兴安岭—张家口—兰州—拉萨—喜马拉雅山东南端一线。塔里木盆地年降水量少于50mm，其南部边缘的一些地区降水量不足20mm；吐鲁番盆地的托克逊平均年降水量仅5.9mm，是中国的"旱极"。中国东南部有些地区降水量在1600mm以上，中国台湾东部山地可达3000mm以上，其东北部的火烧寮年平均降水量达6000mm以上，最多的年份为8408mm，是中国的"雨极"。中国年降水量空间分布的规律是：从东南沿海向西北内陆递减。各地区差别很大，大致是沿海多于内陆，南方多于北方，山区多于平原，山地中暖湿空气的迎风坡多于背风坡。中国降水量的时间变化表现在季节变化和年际变化两个方面。季节变化是一年内降水量的分配状况。中国降水的季节分配特征是：南方雨季开始早，结束晚，雨季长，集中在5~10月；北方雨季开始晚，结束早，雨季短，集中在7、8月。中国大部分地区夏秋多雨，冬春少雨。年际变化是年与年之间的降水分配情况。中国大多数地区降水量年际变化较大，一般是多雨区年际变化较小，少雨区年际变化较大；沿海地区年际变化较小，内陆地区年际变化较大，而以内陆盆地年际变化最大。干湿状况是反映气候特征的标志之一，一个地方的干湿程度由降水量和蒸发量的对比关系决定，降水量大于蒸发量，该地区就湿润；降水量小于蒸发量，该地区就干燥。干湿状况与天然植被类型及农业等关系密切。中国各地干湿状况差异很大，共划分为4个干湿地区：湿润区、半湿润区、半干旱区和干旱区。

4.1.2 国土地理空间与核生化影响因素的关系分析

国土地理空间的布局与走势、国土气候的温度分区、不同季节国土的风向与降水等都是与核生化影响因素相关的国土地理空间要素。

1. 国土地理空间与核污染

（1）核武器或核试验造成的国土空间污染。核武器试验的沉降物，在进行大气层、地面或地下核试验时，排入大气中的放射性物质与大气中的飘尘相结合，由于重力作用或雨雪的冲刷而沉降于国土表面，这些物质称为放射性沉降物或放射性粉尘。放射性沉降物播散的范围很大，往往可以沉降到整个国土表面，而且沉降很慢，一般需要几个月甚至几年才能落到大气对流层或地面。在这样高度的放射性颗粒受气象条件的影响很大，大气湍流会使其散布到很大的范围。从放射性沉降物的种类看，主要有两种：一是棱沉降物。在地面上核爆炸或在较低高度上足以使火球卷起固体物质的核爆炸时返回降到地球上的放射性灰尘称为棱沉降物。放射性灰尘看起来像沙粒、灰渣或玻璃体，其类型取决于火球卷起物质的种类。如果卷起的物质是普通土壤或砂子，则核沉降物就像砂粒。如果卷起的物质里有混凝土建筑或珊瑚中常有的钙时，则棱沉降物看起来像灰渣，密实的大颗粒比极小的颗粒沉降得快。地面核爆炸的顺风飘移数百千米的放射性沉降微粒是极小的颗粒，有点像大气污染中的尘埃，因此从这些放射性沉降物发出的放射性辐射就大大减弱了。二是凝雨沉降。如果空气是潮湿的，则核爆炸也许会造成局部地区降雨。小于几十万吨低当量核爆炸的火球不会超过对流层，这时如果已经下雨或核爆炸造成阵雨，则大量的放射性物质受冲洗迅速落到地面，称为凝雨沉降。在广岛和长崎核爆炸后，虽然火球没有卷起地面上的固体物质，但轻度凝雨沉降产生了低强度的沉降型辐射。如果火球上升不超过雨云，则凝雨沉降云发射的辐射可能极强，且局部集中，因为当放射性沉降云被风吹到远距离时，它没有机会扩展，也没有经过长时间的衰变。如果雨量大，放射性沉降物可能被雨水冲刷进水沟、水槽和下水道阴沟里，放射性沉降物可从这些沟槽被带进江河中。这种情况下明沟、暗沟和河道周围的土壤以及水本身都能起到防护作用，从而大大降低放射性沉降对当地居民的危害。

放射性沉降的危害是由沉降物发射强而有高度贯穿力的核辐射引起的。除非人们已有防护，否则这种辐射对附近的人员会造成潜在的致命危害。放射性沉降通常至少覆盖数百至数千平方千米的广大地区，其面积的大小取决于当量的大小和地面爆炸的次数。这些地区受核沉降沾染，以致在核爆炸后数天至数周时间内，从沾染地区发射的放射性辐射会对经过或居住在该地区无防护的人员造成伤害，甚至致命。

（2）海洋放射性污染。海洋放射性污染是指人类活动产生的放射性物质进入海洋而造成的污染。危害大的主要是放射性元素。海洋环境中，核设施正常运行、核事故和核试验释放到海洋环境中的人工放射性核素种类繁多，特性各异。主要有 ^3H、^{14}C、^{51}Cr、^{54}Mn、^{55}Fe、^{59}Fe、^{57}Co、^{58}Co、^{60}Co、^{65}Zn、^{85}Sr、^{90}Sr、^{95}Zr、^{95}Nb、^{103}Ru、^{106}Ru、^{124}Sb、^{125}Sb、^{125}I、^{129}I、^{131}I、^{134}Cs、^{136}Cs、

137Cs、152Eu、235U、238U、239Pu、241Pu等。海洋的放射性污染主要来自：①核武器在大气层和水下爆炸使大量放射性核素进入海洋。核爆炸所产生的裂变核素和诱生（中子活化）核素共有200多种，其中90Sr、137Cs、239Pu、55Fe以及54Mn、65Zn、95Zr、95Nb、106Ru以及144Ce等最引人注意。②核工厂向海洋排放低水平放射性废物。建在海边或河边的原子能工厂，包括核燃料后处理厂、核电站和军用核工厂等，在生产过程中将低水平放射性废液直接或间接排入海中。主要是51Cr、65Zn、239Np和32P、137Cs、134Cs、90Sr、106Ru、241Am和3H等核素的放射性废水。③向海底投放放射性废物。美国、英国、日本、荷兰以及西欧其他一些国家从1946年起先后向太平洋和大西洋海底投放不锈钢桶包装的固化放射性废物。据调查，少数容器已出现渗漏现象，成为海洋的潜在放射性污染源。④核动力舰艇在海上航行也有少量放射性废物泄入海中。其他不测事故，如用同位素作辅助能源的航天器焚烧、核动力潜艇沉没等也是不可忽视的污染源。放射性物质入海后，经过物理、化学、生物和地质等作用过程，改变了其时空分布。海流是转移放射性物质的主要动力，风能影响放射性物质在海中的侧向运动。由于温跃层的存在，上混合层海水中的离子态核素难于向海底方向转移，只有通过水体的垂直运动被颗粒吸着，与有机或无机物质凝聚、絮凝，或通过累积了核素的生物的排粪、蜕皮、产卵、垂直移动等途径才能较快地沉降于海洋的底部。沉积物对大多数核素有很强的吸着能力，其富集系数因沉积物的组成、粒径、环境条件不同有较大的差异。核工厂向近海排放的低水平液体废物，大部分沉积在离排污口几千米到几十千米距离的沉积物里。海流、波浪和底栖生物还可以使沉积物吸着的核素解吸，重新进入水体中，造成二次污染。此外，近海和河口核素沉积的速率高于外海。

2. 国土地理空间与生物污染

（1）生物污染的主要发源——自然疫源性疾病。通常国土地理空间发生的污染以自然疫源性疾病为主。传染源以及在一定具体条件下，病原体向周围传播时所可能波及的范围称为疫源地，即可能发生新病例或新感染的范围。构成疫源地的第一个不可缺少的条件是传染源的存在，第二个不可缺少的条件是病原体能够从传染源向外散播。每个传染源都可单独构成一个疫源地。但是在一个疫源地内也可同时存在多个传染源，若干种动物源性传染病（动物作为传染源的疾病），如鼠疫、森林脑炎、兔热病、蜱传回归热、钩端螺旋体病、恙虫病、肾综合征出血热、乙型脑炎、炭疽、狂犬病、莱姆病以及布鲁氏菌病等，经常存在于某地区。这是由于该地区具有该病的动物传染源、传播媒介及病原体在动物间传播的自然条件，当人类进入这种地区时可以被感染得病，这些地区称为自然疫源地，这些疾病称为自然疫源性疾病。这类疾病的病原体能在自然界动物中生存繁殖，一定条件下可传播给人。当传染源是动物时，地理、气候及气象等因素都能对传染源有显著的影响，许多自然疫源性传染病的地方性及季节性与此有关。如我国北方以黄鼠作为传染源的鼠疫，只有在有这些动物的地方才有这种鼠疫。黄鼠在寒冷季节冬眠，鼠疫菌在其体内转入潜伏状态，只有当气温转暖、黄鼠出蛰后，才在它们中间发生鼠疫。而人只有在啮齿动物积极活动的温暖季节内，才会感染鼠疫（肺鼠疫为例外）。在南方稻田夏收夏种时，鼠活动猖獗，鼠尿污染田水的机会较大，容易造成钩端螺旋体病流行。动物作为传染源的危险程度主要取决于人们与受染动物及其分泌物、排泄物等接触的机会和密切程度。不同年龄的动物的感受性、敏感性不同。幼年动物一般易于感染疾病，而一些携带病原体时间长的疾病，如钩端螺旋体病，成年鼠感染率高，其占比例越大，发生钩端螺旋体病流行的可能性也越大。同种病原体在不同种动物体内携带时间不同，一般携带时间久者，流行病学意义较大。动物进入冬眠状态后，病原体的繁殖受抑制，冬眠期不起传染源作用。

（2）地形地貌对生物污染的传播作用。地形、地貌、植被对于动物传染源也有影响。土质疏松地带（沙漠、草原、耕地、沙土地）适于鼠类作洞繁殖，植物种类丰富时有利于鼠类生存繁殖。反之，土质坚硬、植物缺少和鼠类天敌种类多的地区，鼠类生存受到限制。所以，

第4章 国土核生化安全空间的区域划分

以鼠类为传染源的疾病，如鼠疫多限于草原和沙土地带。土地污染必然引起和促进其他环境要素污染。防治措施主要有生物防治、施加抑制剂、增施有机肥料、加强水田管理、改变耕作制度、换土和翻土等。

除了自然因素，社会因素也对自然疫源性疾病的流行有一定影响。例如近年来随着各种宠物进入家庭，狂犬病的发病有所增加。在一些养猪的农户，人舍与猪舍没有很好地分离，也会增加人感染乙型脑炎的概率等。

3. 国土地理空间与化学污染

（1）化学原因造成的土地污染。土地是一个开放的系统，土地系统以大气、水体和生物等自然因素和人类活动作为环境，各种因素通过土地系统与环境间的物质和能量交换来实现相互联系、相互作用。在土地污染发生过程中，人类从自然界获取资源和能源，经过加工、调配、消费，最终再以"三废"形式直接或间接通过大气、水体和生物向土地系统排放。当输入的物质数量超过土壤容量和自净能力时，土地系统中某些污染物破坏了原来的平衡，引起土地系统状态的变化，发生土壤污染。污染土壤的主要污染物包括无机污染物（如重金属、酸、盐等）、有机农药（如化肥、杀虫剂、除莠剂等）、有机废弃物（如生物可降解或难降解的有机废物等）、污泥、矿渣和粉煤灰等。受到污染的土壤，本身的物理、化学性质发生改变，如土壤板结、肥力降低、土壤被毒化等，还可以通过雨水淋溶，污染物从土壤传入地下水或地表水，造成水质的污染和恶化。受污染土壤生长的生物，吸收、积累和富集土壤污染物后，通过食物链进入人体，可造成对人的影响和危害。

（2）化学原因造成的水污染。水污染是由有害化学物质造成水的使用价值降低或丧失从而污染环境。污水中的酸、碱、氧化剂以及铜、镉、汞、砷等化合物，苯、二氯乙烷、乙二醇等有机毒物，会毒死水生生物，影响饮用水源、风景区景观。污水中的有机物被微生物分解时消耗水中的氧，影响水生生物的生命，水中溶解氧耗尽后，有机物进行厌氧分解，产生硫化氢、硫醇等难闻气体，使水质进一步恶化。废水从不同角度有不同的分类方法。根据不同来源分为生活废水和工业废水两大类；根据污染物的化学类别又可分无机废水与有机废水；也有按工业部门或产生废水的生产工艺分类的，如焦化废水、冶金废水、制药废水以及食品废水等。

（3）化学原因造成的空气污染。工业排放的各种大气污染物中，以粉尘、二氧化硫和一氧化碳为主，约占大气污染物总量的3/4。除了上述工业气体排放外，化工厂事故或遭袭爆炸情况下释放出的有毒气体也会对人畜有强烈的毒害、窒息、灼伤、刺激作用，其中有些还具有易燃、氧化、腐蚀等性质。例如腐蚀性气体主要是一些含氢、硫元素的气体，如硫化氢、二硫化碳、氨、氢等都能腐蚀设备，削弱设备的耐压强度，严重时可导致设备系统裂隙、漏气，引起火灾等事故。压缩或液化气体，除氧气和压缩空气外，大都具有一定的毒害性。此外如氰化氢、硫化氢、二甲胺、氨、溴甲烷、二硼烷和三氟氯乙烯等气体除具有相当的毒害性，还具有一定的着火爆炸性，这一点不可忽视。

总之，国土地形与气候决定了核污染在国土范围内的流动、扩散、沉降等诸多变化趋向与态势，也涉及生物污染在国土范围内的传播、隐蔽、物种变异与逐步消亡。化学污染扩散范围相对核、生物扩散范围要小很多，通常局限于某一区域。因此根据国土地形与气候以及核生化危害种类，基于大数据可绘制出国土地理空间中核生化威胁与危害的重点区域和变化趋势，对于国土核生化安全空间的塑造具有重要的参考意义。要完成上述工作，不仅需要地理空间大数据的支持与地图标绘，更需要建立核、化学沾染与污染在不同地理环境和气候条件下的扩散模型。通过模拟与迭代优化，获取相对精细准确的核化危害扩散结果。生物疫情的扩散与地理环境和气候有一定关系，但更多的是人群与社会环境等因素，因此其模型的建立，更多依赖于卫生统计学而非扩散动力学。

4.2 国土经济空间

经济空间是一定地域内人类社会经济活动的空间区域与组织运行模式。作为全球主要经济体和经济增长极，我国的国土经济空间具有完整丰富的体系架构和组成要素。

4.2.1 国土经济空间概况

1. 国土经济空间中的城市群

在我国辽阔的大地上，由于各地的地理位置、自然条件的差异，社会生活、人文特征、经济形态方面也各有特点。但其集中的反映焦点是经济形态，这是社会生活与人文特征重要的决定或影响因素。城市经济空间的核心就是城市群，所谓城市群是在特定的区域范围内云集相当数量的不同性质、类型和等级规模的城市，一般以一个或两个（有少数的城市群是多核心的例外）特大城市（小型的城市群为大城市）为中心，依托一定的自然环境和交通条件，城市之间的内在联系不断加强，共同构成一个相对完整的城市"集合体"。近年来，城市群发展格局显现，城市群作为城镇化主体形态的空间格局更加清晰。目前我国的主要城市群包括：①京津冀城市群。京津冀城市群包括北京、天津两大直辖市以及河北省等，是中国的政治、文化中心，也是中国北方经济的重要核心区。②哈长城市群。哈长城市群规划范围包括黑龙江省哈尔滨市、大庆市、齐齐哈尔市、绥化市、牡丹江市，吉林省长春市、吉林市、四平市、辽源市、松原市、延边朝鲜族自治州。③辽中南城市群。辽中南城市群以沈阳、大连为中心，包括鞍山、抚顺、本溪、丹东、辽阳、营口、盘锦等城市。该地区城市高度密集、大城市所占比例最高。④山东半岛城市群。山东半岛城市群是山东省发展的重点区域，也是我国北方地区重要的城市密集区之一，是黄河中下游广大腹地的出海口，也是国家级城市群之一。⑤中原城市群。中原城市群位于中国中东部，由5省30座地级市所构成，具有高度紧密的经济联系，总面积28.7万 km^2，生产总值仅次于长江三角洲、珠江三角洲、京津冀城市群，位居全国第四位。⑥长江三角洲城市群。长江三角洲城市群位于长江入海之前的冲积平原，包括26个市，国土面积21.17万 km^2。⑦珠江三角洲城市群。珠江三角洲城市群是三个特大城市群之一，是中国乃至亚太地区最具活力的经济区之一，它以广东70%的人口，创造着全省85%的GDP。⑧长江中游城市群。长江中游城市群是以武汉、长沙、南昌、合肥四大城市为中心的超特大城市群组合，涵盖武汉城市圈、环长株潭城市群、环鄱阳湖城市群、江淮城市群为主体形成的特大型城市群，占地面积约31.7万 km^2。⑨成渝城市群。成渝城市群位于四川盆地，具体范围包括重庆市和四川省，总面积18.5万 km^2，目前成渝城市群已基本建成国家级城市群。⑩海峡西岸城市群。海峡西岸城市群又名海峡西岸经济区，是以福州、泉州、厦门、温州、汕头5大中心城市为核心，共计20个地级市所组成的国家级城市群。⑪北部湾城市群。北部湾城市群是2017年1月20日批复同意建设的国家级城市群，规划覆盖范围包括广西壮族自治区南宁市、北海市、钦州市、防城港市、玉林市、崇左市，广东省湛江市、茂名市、阳江市和海南省海口市、儋州市、东方市、澄迈县、临高县、昌江县。⑫关中城市群。关中城市群是指以大西安（含咸阳）为中心、宝鸡为副中心的城市群，该区域为陕西人口最密集地区，经济发达，文化繁荣。目前我国青藏地区包括青海、西藏和四川西部。面积约占中国的25%，人口不足中国的1%，尚未形成规模化城市群。

2. 国土经济空间中的交通网络

交通是社会资源流动与促进社会发展的关键要素。根据我国国情，国土范围内主要的交通空间要素为铁路网络、公路网络、民航网络与海陆港口网络。①铁路网络。我国铁路网络的主体是中国铁路干线，指在中国境内规划、建设、运营和管理的国铁干线。目前中国大陆规划了由八条纵干线和八条横干线组成的高速铁路网，简称八横八纵铁路网。中国国家铁路干线的基本组成路段分别是京哈铁路、京通铁路、京包铁路、京沪铁路、京九铁路、京广铁路、焦柳铁路、包兰铁路、兰新铁路、青藏铁路、陇海铁路、成昆铁路、宝成铁路、沪昆铁路、沿江铁路和沿海铁路（以上铁路线整合了平行重复的客货共线和客运专线）。目前中国铁路网已基本形成，铁路干线纵贯南北，横穿东西。②公路网络。按区域范围大小，我国有国家公路网、省（市、区）公路网、地（市）级公路网、县乡公路网四级。按道路功能分类，公路网内的所有公路可分为干线公路、地方公路和集散公路三大类。干线公路一般提供城市与较大城镇、经济技术开发区、交通枢纽之间的直接交通服务，它生成并吸引大部分较远距离的出行；地方公路主要为县、乡镇或乡区的单独用地使用服务；中间性功能的集散公路主要将地方道路网与干线公路相连接。按行政管理分类，公路网内的公路有国道、省道、县道和乡道四级。按技术等级划分，公路分为高速公路、一级公路、二级公路、三级公路、四级公路和等外公路。高速公路、一级公路和二级公路通常属于干线公路；地方公路通常为三级公路、四级公路和等外公路；集散公路的技术等级有一级、二级和三级公路，其中一级公路多用于高速公路与大中城市的联络线，通常采用不控制出入或部分控制出入，以增强其机动性。③民航网络。在我国，北京、上海、广州为中国三大门户复合枢纽机场。重庆、成都、武汉、郑州、沈阳、西安、昆明、乌鲁木齐为中国八大区域枢纽机场。深圳、南京、杭州、青岛、大连、长沙、厦门、哈尔滨、南昌、南宁、兰州、呼和浩特为中国十二大干线机场。④海运与内河水运网络。上海港位于长江三角洲前缘，扼长江入海口，地处长江东西运输通道与海上南北运输通道的交汇点，是中国沿海的主要枢纽港，中国对外开放、参与国际经济大循环的重要口岸。天津港也称天津新港，位于天津市海河入海口，处于京津冀城市群和环渤海经济圈的交汇点上，是中国北方最大的综合性港口和重要的对外贸易口岸。青岛港位于山东半岛南岸的胶州湾内，始建于1892年，具有124年历史，是我国重点国有企业，中国第二个外贸亿吨吞吐大港。深圳港位于广东省珠江三角洲南部，珠江入海口伶仃洋东岸，毗邻香港。全市260km的海岸线被九龙半岛分割为东西两大部分。西部港区位于珠江入海口伶仃洋东岸，水深港阔，天然屏障良好。东部港区位于大鹏湾内，海面开阔，风平浪静，是华南地区优良的天然港湾。宁波舟山港位于东海之滨的宁波港和舟山港，是我国深水岸线资源最丰富的地区，是长三角除上海港外唯一拥有远洋航线的港口。香港港是中国天然良港，为远东的航运中心，在珠江口外东侧，香港岛和九龙半岛之间。广州从公元3世纪30年代起成为海上丝绸之路的主港，唐宋时期成为中国第一大港，是世界著名的东方大港。大连港位于辽东半岛南端的大连湾内，港阔水深，冬季不冻，万吨货轮畅通无阻。大连是哈大线的终点，以东北三省为经济腹地，是东北的门户，也是东北地区最重要的综合性外贸口岸。除此之外，营口港、秦皇岛港、烟台港、日照港、连云港港、南通港、厦门港、汕头港、珠海港、湛江港、防城港港、海口港为重要海港。哈尔滨港、佳木斯港、济宁港、徐州港、无锡港、泸州港、重庆港、宜昌港、荆州港、武汉港、黄石港、长沙港、岳阳港、南昌港、九江港、芜湖港、安庆港、马鞍山港、合肥港、蚌埠港、杭州港、嘉兴港、湖州港、南宁港、贵港港、梧州港、肇庆港、佛山港为内河主要港口。

3. 国土经济空间中的能源格局

我国的能源储备大致按以下格局分布：山西（煤）、新疆（气）、东北（油）、宁夏（宁东能源基地）、深圳能源基地、蒙大新能源化工基地、四川（水电能源基地）、晋西能源基地、陇东能源基地、内蒙古能源基地、鄂尔多斯盆地能源基地、陕北能源基地、临沧生物能源基地等，能源格局随着经济的发展将日益完善。

中国能源基地建设包括两大战略性工程。①西电东送。目前，"西电东送"工程正通过北、中、南三大通道向前推进,自西而东打通中国能源大动脉的宏伟构想正在逐步成为现实。其北部通道的建设,主要集中在华北和西北两大地区。主要任务是将"三西"(即内蒙古西部、山西、陕西)煤电基地的火电和黄河上游的水电送往京津唐地区。中部通道将沿长江展开,可望成为世界规模最大的输电通道。三峡工程,是举世瞩目的跨世纪大工程,也是目前形成"西电东送"中部通道的关键工程。南部通道以开发云南、贵州、广西的水电为主,开发贵州等地火电为补充,向广东等东部用电负荷中心送电。这条大通道的建设,正在如火如荼地进行。②西气东输。西气东输工程长4000km,西起新疆轮南,经甘肃、宁夏进入陕西,在陕西的靖边与长庆气田连接,再穿越黄河经山西、河南、安徽、江苏、浙江,东抵上海,把塔里木盆地储量丰富的天然气资源不断地送抵我国经济最发达的东南沿海地区。同时,为改善能源结构和人类生活环境,许多国家都经历了"煤炭—石油—天然气"的优质能源转换过程。西气东输将有助于我国加速实现这一转变。西气东输,也是我国能源工业进行结构调整的重大战略举措。

综上所述,国土经济空间核生化安全的首要核心是各个城市群。无论在战时还是平时,城市群都是核生化威胁与危害的重点目标。由于各城市群人口密集,经济发达且占国民经济的比重份额显著,其核生化安全具有牵一发而动全局的经济效应、社会效应和政治效应。因此根据国土城市群以及核生化危害种类,基于大数据可绘制出国土经济空间中核生化威胁与危害的重点区域和变化趋势,对于国土核生化安全空间的塑造具有重要的参考意义。要完成上述工作,不仅需要经济大数据、人口大数据的支持与态势发展变化标绘,更需要预测在核生化威胁和危害情况下经济变化、人口变化的理论和模型。交通空间的核生化安全,对国土核生化安全态势呈现出显著的节点效应。从总体看,影响最为显著的是铁路和公路,其次是民航与海陆港口。因此根据铁路、公路、民航与海陆港口以及核生化危害种类,基于大数据可绘制出国土交通空间中核生化威胁与危害的重点节点、影响区域和变化趋势，对于国土核生化安全空间的塑造具有重要的参考意义。能源空间的核生化安全重要性主要体现在战时，平时的影响并不显著。原因是能源空间的体系化大工业特征，使其在平时具有较强的应对核生化突发性威胁与危害的冗余度和稳定性。但是战时核生化威胁与危害对能源空间的影响是巨大的，甚至涉及国家的整体实力。因此根据能源空间的分布与类别、结合核生化危害种类，基于大数据可绘制出国土能源空间中核生化威胁与危害的重点区域和变化趋势，对于国土核生化安全空间的塑造具有重要的参考意义。

4.2.2 国土经济空间与核生化影响因素的关系分析

1. 国土经济空间与核恐怖

核恐怖事件与涉及爆炸的常规恐怖事件相比，有着本质的差别。由于核恐怖事件发生后会持续向环境释放大量的放射性烟羽，使环境受到污染，威胁公众健康。直到今天，切尔诺贝利事故造成的后果也还未完全被消除。因此，它具有许多常规恐怖事件不具有的潜在影响。①严重威胁公众的健康和安全。涉及放射性物质的核恐怖事件发生后，由于放射性沾染和其他与外伤相关的并发症，对受伤人员的救治十分困难。在直接的恐怖袭击中幸免遇难的人也因受到照射而存在生理损伤或死亡的可能。核恐怖事件产生的废墟和其他原本无害的物质将受到放射性污染，受影响的地域可能远大于犯罪现场。而且公众除了受到外照射外，还可能会因为放射性物质进入食物链而受到内照射。因此，核恐怖事件发生后，在一定的时间和空间内，都会严重威胁公众的健康和安全，并且难以救治，难以恢复。②影响社会心理。恐怖主义的主要目的之一就是影响社会心理，即在人群当中引起恐慌。而对核恐怖而言，这样的恐慌因涉及如核辐射之类的"无形毒素"而进一步复杂化。人们既看不见也感觉不到射线的存在，但却知道辐射具有

第4章　国土核生化安全空间的区域划分

潜在的危害。由于这样的威胁无法凭自身的感觉来想象，还有令人毛骨悚然的联想（如广岛、长崎、切尔诺贝利等事故场景），因此核事故极易令人惊恐万状。放射性事件还能够对社会的所有层次产生深远的心理冲击，影响到个人、家庭、社区以及整个国家。这些影响中有些是急性的，有些是慢性的。在个人层面上，很多人在事件之后心情压抑，陷入慢性忧伤多年而不能自拔。而在社区层面上，因污染而采取的疏散或搬迁以及对污染进行标记和清除可能会产生严重的、持久的社会影响。③造成社会秩序混乱和严重的经济损失。核恐怖事件一旦发生，将使社会处于一种无序状态，扰乱政府部门和社会机构的正常运行，破坏受害地区的社会稳定。此外，为避免对人员构成太严重伤害，受污染地区在一段时间内要停止使用，在这些地区原有的设施将会暂时丧失其功能，从而使相关部门的负担加重，影响社会生活秩序。核恐怖活动还会造成严重的经济损失。首先，应急处理需要大量的资金；其次，社会的不稳定会导致金融混乱、股市下跌、民众消费热情降低等问题；最后，在长远方面，一些产业如旅游、餐饮和进出口贸易等都会受到严重冲击。

2. 国土经济空间与生物恐怖

生化恐怖活动是指恐怖分子或各种极端分子利用生化战（毒）剂小规模或零星地攻击人群，导致人群中毒、感染甚至死亡，并引起社会极度恐慌的事件。继众所周知的1995年3月20日日本东京地铁沙林杀人事件之后，这些年来世界上生化恐怖事件越来越多。从某种意义上说，由恐怖分子在城市发动的生物袭击活动造成的致命破坏程度，将远远超过化学袭击造成的破坏，因为化学战袭击不会引起疾病流行。据美国估计，如果具备了一系列合适的条件，在一座面积类似华盛顿的城市上空播撒100kg含有炭疽菌的粉末，可能造成100万至300万人死亡，而一颗百万吨级氢弹造成的死亡人数可能在50万到将近200万。世界卫生组织早在生物革命到来之前的70年代估计，一架小型飞机在一座有500万人口的城市上空播撒50kg炭疽菌，将会致使25万人患病，并使其中的 10 万人死亡。而且由恐怖分子发动的合成流感袭击可能造成与自然流感很难区分的症状。因此，21 世纪的生化武器可能是隐身武器中最难察觉的一种。国际反恐怖专家越来越担心生化武器将会成为未来恐怖分子及其他极端团体肆虐社会的"杀手锏"。生化武器战（毒）剂与核弹头相比，它们更容易获取并被大量使用，使用后的杀伤效果不亚于使用核武器，并且具有更强的心理恐怖效果，可以隐蔽突然地使用。因此，专家认为生化武器战（毒）剂将会成为未来恐怖分子和极端组织最为青睐的"杀手锏"武器。原因有两个方面：①国内仍然存在的一些社会矛盾可能导致国内的生化恐怖事件。我国国内近年来还存在较为严重的民族分裂势力和邪教组织，这些分裂势力和邪教组织曾在国内发起过多起恐怖暴力事件，其将来还极有可能会在国内发动生化恐怖活动。②恐怖活动的国际化和国际恐怖势力可能会在我国国内发动生化恐怖事件。随着我国在当今世界上的国际地位日益提高，在我国境内举行的具有世界影响的会议、会谈和各种活动日益增多，国际恐怖主义组织为了达到其恐怖活动的恐怖效果和破坏我国的经济秩序及外交形象，可能会直接策划组织或与我国国内恐怖势力内外勾结，在我国国内发动生化恐怖事件。

3. 国土经济空间与化学恐怖

虽然化学恐怖的最终目标是杀伤人员，但化学恐怖的袭击目标往往不像常规恐怖那样直接针对人员，而是污染一些可能被人员食用、饮用、呼吸、接触的媒介，再由这些媒介来伤害人员，而这些媒介就是恐怖分子的直接目标。

（1）化学毒物多样性。在化学恐怖活动中，恐怖分子所使用的化学物质的毒性、量和物理化学性质多样，导致恐怖分子使用的化学毒物呈现多样性特点。第一，化学物质的毒性多样。神经性毒剂沙林达到 $100mg/m^3$，就能致使暴露在空气中的人员半数以上 1min 内死亡。相对而言，氰化物等工业用化学物质的毒性就要小得多，农药等民用化学物质的毒性就更小了。第二，化学物质的质量多样。由于各种条件的不同，恐怖分子在恐怖活动中使用的化学毒物不但种类各异，质量上也差别很大。一般来说，毒性强的化学毒物量较少，毒性弱的化学毒物量较大。第三，化学物质的物理和化学性质多样。不同化学物质的物理性质和化学性质也相互不同，这些物质有的是气态，有的是液态，有的是固态，有的有腐蚀性，有的有氧化性……。物理和化学性质的不同使得恐怖分子在保存、运输、释放这些物质时需要采用不同的方法。

（2）化学物质隐蔽性。首先，许多有毒有害化学物质与日常物品十分相似，不易被发现，人员会在毫无警觉的情况下通过呼吸、接触、饮食而接触这些物质并中毒。例如，沙林是无色易挥发液体，类似于水；氰化钠是白色粉末或结晶，类似于食盐；双对氯苯基三氯乙烷（DDT）是白色无味结晶状固体，类似于砂糖……。这些化学物质与日常物品性状相似，不易区分。其次，使用的物质的量相对较少，容易隐藏和转移。与其他恐怖活动中经常使用的物质（如爆炸物）相比较，化学恐怖袭击所使用的物质的量通常较少，容易隐藏和转移。例如，在东京地铁沙林事件中，奥姆真理教共使用了 6~7L 浓度为 30% 的沙林毒剂，由 5 人释放，平均每人仅携带不到 1.2L 的液体，这大概仅相当于一个大矿泉水瓶的容量。恐怖分子使用塑料袋就可以将这些液体带入地铁站。最后，目前仍缺乏对有毒化学物质快速简易的检测手段。枪支、弹药、爆炸物大多包含金属物质，易被检测出来。但化学物质的快速检测往往十分困难。就化学物质而言，只有通过化学反应或质谱分析才能准确判断其成分。但这些方法显然不适于对化学物质的快速鉴定。特别对客流量很大的地铁站、火车站、商场等场所而言，根本无法要求对每一种可疑的化学物质进行检测。

（3）目标的潜在危害性多样。第一，不同袭击目标可能造成的人员伤亡数量不同。例如，对单个人员的袭击仅仅会造成个人的伤亡，对城市水源或化工设施的袭击却可能导致成千上万人的伤亡。第二，不同袭击目标可能造成的经济损失不同。除了大规模的化学恐怖袭击能够造成巨大的经济损失外，针对一些敏感而脆弱的目标，如进出口食物、药品或水果，实施化学恐怖袭击往往也会造成大量的经济损失。相对而言，针对普通目标的小规模投毒事件造成的经济损失就十分有限。第三，不同的袭击目标可能造成的恐慌心理不同。恐慌心理往往是由恐怖袭击的规模、袭击目标与公众间的联系性和袭击目标的随意性决定的。袭击规模越大，袭击目标的联系性和随意性越强，造成的恐慌心理就越强，反之则造成的恐慌心理越弱。针对不确定民众的大规模恐怖袭击能够造成长时间大范围的恐慌心理，而针对确定个体的化学恐怖袭击所造成的恐慌心理就小得多。

4.3 国土核生化工业园区

随着国民经济的快速均衡发展，核、生物、化学工业园区如雨后春笋在国土全域范围内出现，既构成了国民经济与科技的快速增长极，也形成了核生化安全的重点与焦点。

4.3.1 国土核生化工业园区概况

1. 核工业园区

目前我国运行核电机组共 55 台（不含中国台湾地区），装机容量已超过 1 亿千瓦，运行核电机组累计发电量为 4300 亿千瓦时。包括大亚湾核电站（中广核，2 台机组）、红沿河核电站（中广核，5 台机组）、海阳核电站（国电投，2 台机组）、三门核电站（中核，2 台机组）、秦山核电站（中核，1 台机组）、秦山第二核电站（中核，4 台机组）、秦山第三核电站（中核，2 台机组）、岭澳核电站（中广核，4 台机组）、田湾核电站（中核，5 台机组）、宁德核电站（中广核，

4台机组)、福清核电站(中核,5台机组)、阳江核电站(中广核,6台机组)、方家山核电站(中核,2台机组)、台山核电站(中广核,2台机组)、昌江核电站(中核,2台机组)、防城港核电站(中广核,2台机组)。正在建设中的其他核电站包括红沿河核电站(中广核,5、6号机组)、田湾核电站(中核,6号机组)、福清核电站(中核,6号机组)、漳州核电站(中核,2台机组)、石岛湾核电站(华能,3台机组)、太平岭核电站(中广核,2台机组)、陆丰核电站(中广核,6台机组)、苍南核电站(中广核,2台机组)、霞浦示范快堆(中核,1台机组)、荣成核电站CAP1400(国核技、华能,2台机组)、彭泽核电站(中电投,4台机组,已停工)、咸宁核电站(中广核,4台机组,已停工)。拟建的核电站包括桃花江核电站(中核,4台机组)、徐大堡核电站(中核,2台机组)、昌江核电站(中核,3、4号机组)。目前中国台湾地区有在运核电机组有1台(核三厂1号机组)。核一厂进入退役阶段,核四厂现已停运。

2. 生物工业园区

生物工业技术是利用微生物、植物和动物细胞或酶的生物催化功能,进行大规模的物质加工与转化的先进制造技术,主要包含生物基化学品、生物基材料、生物燃料、生物环保等,涉及食品、能源等许多重要的工业领域。近年来,全球的生物技术发展速度迅猛,早已成为高科技的战略性新兴产业技术之一。2015年5月,《中国制造2025》中明确指出"全面推行绿色制造,将新材料、生物医药等列为重点领域突破发展,要求努力构建高效、清洁、低碳、循环的绿色制造体系,大力促进新材料、新能源、高端装备、生物产业绿色低碳发展"。2016年12月,《"十三五"生物产业发展规划》提出"推动生物制造规模化应用,创新生物能源发展模式,促进生物环保技术应用取得突破"。2017年5月,《"十三五"生物技术创新专项规划》在坚持创新发展、着力提高发展质量和效益层面,提出拓展产业发展空间、支持生物技术新兴产业发展和传统产业优化升级的要求。在其支持的7个支撑重点领域中，生物化工、生物能源、生物环保3个领域与工业生物技术密切相关。目前我国的各类生物工业园区有100多个，包括药谷、科技园、产业基地等。从分布上看，我国生物工业园区的代表性产业分布按如下展开：①东北地区共4家，包括长春高新生物医药园、吉林通化医药城、哈尔滨利民医药科技园区、辽宁大连生物医药园。②华北地区共10家，包括中关村生命科技园、北京大兴生物医药基地、天津国家生物医药国际创新园、以及石家庄、呼和浩特、济宁、禹城、济南、淄博等生物医药产业基地。③华东地区共15家，包括上海张江高科技园区、南京生物医药科技园、江苏无锡生物科技园、江苏连云港新医药产业基地、苏州高新区生物医药孵化器以及吴中、常州、浦口、泰州、南通、杭州、兰溪、新昌、合肥、淮南等生命科技园和生物医药工业园。④华中地区共三家，主要分布在葛店"药谷"、浏阳与郑州。⑤西北地区共5家，包括西安高新技术产业开发区生物医药产业基地、陕西九州生物医药科技园、宝鸡生物医药科技园、兰州西北生物医药基地、新疆天山"药谷"。⑥西南地区共5家，包括四川成都"药谷"、绵阳高新区、重庆高新区生物科技园、云南中华生物谷、贵阳"药谷"。⑦华南地区共6家，包括海口"药谷"、广州国家生物医药基地、深圳医药产业园区、顺德生物医药产业基地、广州海洋生物技术特色产业基地、玉林国际中医药港。

3. 化学工业园区

化工园区是现代化学工业为适应资源或原料转换，顺应大型化、集约化、最优化、经营国际化和效益最大化发展趋势的产物。国外发达国家在二战结束后就兴起了化工产业带的建设，促进了战后经济恢复和腾飞。按照产业特色划分，我国化工园区类型主要分为石油化工型、煤化工型、精细化工型；按照发展方式则分为企业扩张型和城市搬迁型。我国主要化工园区包括：①上海化学工业区由上海市人民政府于1996年8月12日批准设立，是中国改革开放以来第一个以石油化工及其衍生品为主的专业开发区。上海化工区重点发展石油化工、

第4章 国土核生化安全空间的区域划分

精细化工、高分子材料等产业，目前已成为全球最大的异氰酸酯、国内最大的聚碳酸酯生产基地。②惠州大亚湾（国家级）经济技术开发区于1993年5月经国务院批准成立。石化产业方面，园区重点发展C2下游产业链、C3下游产业链、C4下游及炼化副产品、芳烃下游产业链以及精细化工专用化学品"五大产业集群"，加强高端精细化工和化工新材料项目的招商选资，优先发展环氧乙烷、环氧丙烷、碳四、碳五等下游系列产业链项目，积极引进一批市场前景好的高端合成橡胶和合成树脂等精细化工项目。③宁波化学工业区地处杭州湾南岸，与杭州湾北岸的上海金山石化、漕泾化学工业区遥相呼应，处于我国长三角石化工业圈中心地区，是环杭州湾石化工业圈的重要组成部分。园区分三期规划：初期定位是以进口初级原料深加工为主，项目重点以进口原料深加工、精细化工、高分子化工加工为主，开辟基础化工原料区，合成材料区，高分子加工区和精细化工区；中期定位是建成以镇海炼化"大炼油、大乙烯"项目为龙头、多种化工产品系列并重的现代大型石油化工区；长期定位是进一步建设大中型炼油化工一体化项目，努力建成具有世界规模的大型石化基地。④南京化学工业园位于南京市六合区，是国家级化学工业园区，是继上海之后的中国第二家重点石油化工基地。南京化工园重点发展石油化工、基本有机化工原料、精细化工、高分子材料、新型化工材料、生命医药项目。南京化学工业园是新世纪南京经济建设的重点工程，也是中国石化集团重点发展的化学工业基地之一。⑤江苏扬子江国际化学工业园作为保税区的配套工业区，是长江流域最大的精细化工园。目前园区产业集聚化凸显，产业链布局优势明显，已经形成了有机硅（目前国内最大）、高性能材料（园内已有酚醛树脂、尼龙塑胶料、特种工程塑料合金、特种环氧树脂、聚对苯二甲酸丙二醇酯、紫外固化树脂等领域的一批知名企业）、锂离子电池化学品（六氟磷酸锂和电解液产量分别为国内最大）、精细化学品（国内最大的脂肪酸生产基地）、基础化学品（国内最大的硫磺制酸）等几条优势产业链。⑥江苏省泰兴经济开发区成立于1993年，是江苏省首批13家省级开发区之一，也是全国最早的专业精细化工园之一。目前，园区已形成了氯碱、染料颜料和医药、农药、油脂化工及其他精细化学品等产业链明晰的产业集群，已成为全球规模最大的高品质氯乙酸和聚硫橡胶生产基地、亚太地区最大的聚丙烯酰胺生产基地、国内最大的羧甲基纤维素和丙烯酸生产基地以及活性染料生产基地，离子膜烧碱产量目前名列全国前三。⑦扬州化学工业园区初步形成了以烯烃、芳烃为龙头，石油化工、精细化工、化工新材料、石化物流等产业集聚发展的态势。⑧淄博齐鲁化学工业区是继上海化工区、南京化工区之后国家批准设立的第三家专业化工园区。依托临淄区石油化工产业优势，大力发展深加工产品，重点延长石油化工、精细化工、化工新材料、碳-化工、塑料和机械加工等五大产业链。另外，东营港经济开发区、中国化工新材料（嘉兴）园区、沧州临港经济技术开发区、泉港石化工业园区、长寿经济技术开发区、茂名高新经济技术开发区、武汉化学工业园、江苏高科技氟化学工业园、中国石油化工（钦州）产业园、吉林市化工工业循环经济示范园区、济宁新材料产业园等也是重要的化工基地。

  核生化园区的自身安全是国土核生化安全的关键因素。在平时核工业园区的安全属于国家安全关注的重点，生物和化学工业园区的安全同样是涉及省、地（市）社会稳定与人民生命财产安全的重要因素。在战时由于打击核生化工业园区造成的次生核生化灾害，更是影响国家安全、社会稳定和军事行动的关键性问题。因此根据国家核生化园区的分布与类别、结合核生化危害种类，基于大数据可绘制出核生化工业园区空间中核生化威胁与危害的重点区域和变化趋势，对于国土核生化安全空间的塑造具有重要的参考意义。

4.3.2 核生化工业园区与核生化影响因素的关系分析

1. 核安全

反应堆内放射性核素的含量取决于反应堆的类型、核燃料种类、

第4章 国土核生化安全空间的区域划分

堆功率、堆运行史等因素。一般正常运行的反应堆其堆芯中的放射性核素在200种以上，其主要来源是核裂变产物、超铀元素和中子活化物质。核裂变产生的核素有不同的理化性质，其中有惰性气体（Kr）、氙（Xe）等；在较低温度就易升华的碘（I），熔点较低易挥发性核素碲（Te）、铯（Cs）等；熔点高的核素锶（Sr）、铈（Ce）、钌（Ru）等。而超铀元素钚（Pu）、锔（Cm）等和中子活化产物钴（Co）、铬（Cr）、锰（Mn）等基本上以非挥发性固态形式存在。一座电功率为90万kW的压水反应堆，每年约产生1~2t裂变产物。放射性核素向大气环境释放与其物理特性密切相关，而容易向大气释放的一般顺序是气态物质、挥发性物质和不挥发的固体。通常核事故发展迅速，全过程大体可分成三个阶段。①早期。从有严重的放射性物质释放的先兆（即确认有可能使场区外公众受照射）时起，到释放开始后的最初几小时。由出现事故到放射性物质开始释放入大气的时间为0~5h到1天或几天。释放可持续0~5h到几天，甚至更长。②中期。从放射性物质开始释放后的最初几小时到1天或几天。一般认为，此时从核设施可能释放的放射性物质大部分已进入大气，且主要部分已沉积于地面。放射性物质从释放点输运到8km需0.5~2h，输运到16km需1~4h。③晚期，也称恢复期。这个时期作出恢复正常生活的决定。可能持续较长时间，由事故后的几周到几年甚至更长，这取决于释放特点和释放量，但并非指对核设施进行修复的那段时间。核事故具有多种照射来源和途径，在事故不同阶段，主要照射来源和途径有一定差别，因此人员受照射的主要来源和途径是多方面的。对人员造成的照射方式主要有：丙射线全身外照射、吸入或食入内照射以及沉积于体表、衣服上的放射性核素对皮肤的照射。历史上发生的核事故如温茨凯尔事故、切尔诺贝利事故，反应堆中的惰性气体几乎百分之百地被释放出来，其中主要有氪（Kr）和氙（Xe）等。这些核素主要对人体构成γ外照射，它们被人体吸入后基本不参加代谢过程，很快被排出体外，对生物学最有意义的应属碘、铯、镭等。上述的几种放射性核素，都是核事故中需要重点监测的对象。

2. 生物安全

高技术在生物工程领域的广泛应用，促进了生物工程技术的迅猛发展。但是，生物工程技术的迅猛发展具有双刃性。一方面生物工程技术的迅猛发展，为推进生物工业的进步和发展以及研制新型生物战剂奠定了科技基础；另一方面由于生物工业设施存在产生次生生物危害问题，所以大量生物工业设施有可能成为高技术局部战争中，高技术常规兵器的打击重点。海湾战争中，以美军为首的多国部队，使用大量高技术精确制导武器，对伊拉克的核生化设施进行了近千架次的猛烈空袭。不但解除了伊拉克对多国部队构成的核生化威胁，同时也使伊拉克利用巨额资金和数十年时间建立起来的核生化研制及生产设施毁于一旦，基本解除了伊拉克核生化武器的研制与生产能力。使用高技术精确制导武器打击核生化设施虽然可以起到消除核生化威胁的作用，但是也会带来产生次生核生化危害的严重后果。根据和平时期发生的一些生物泄漏事故表明，次生生物危害，不但能够造成大量人员伤亡，而且还可以通过形成疫区、污染区、隔离区等形式，恶化战场作战环境，限制军队的调动与机动，给军队的作战行动带来重大影响。例如，1979 年苏联斯维尔德洛夫斯克市的微生物与病毒研究所，发生炭疽泄漏事故，泄漏炭疽芽孢干剂数量约为 10kg，细菌气溶胶污染半径约为 4.8km，整个污染面积约为 69.5km^2，导致数千人致病，近千人死亡，整个污染地区被封锁隔离。苏联被迫使用飞机进行空中布洒消毒剂气溶胶的行动，以防止疫情的蔓延。自从我国实行改革开放以来，特别是由于高技术在生物工程领域的广泛应用，促使我国的生物工业得到了飞速发展，各类新建生物研究所以及生物工业设施，广泛布局于我国沿海地带的十多个省、市、自治区。在大国竞争乃至全面对抗的作战思想中，已具有利用特定的作战时机，使用空袭兵器、特种袭击、网络攻击等打击生物工业和生物医学设施，通过制造大规模次生生物危害，进而影响对手的作战生物型战争策略。因此，在未来国家安全面临威胁，各类生物研究所以及生物工业设施遭到袭击时，将可能对我产生较难估量的影响。所以，应当把次生生物危害作为我生物安全防护的重要要素，纳入我国土核生化安全空间的防护范畴，重视和加强在次生生物危害条件下的防护与应急救援研究。

3. 化学安全

前已述及，我国目前有大小化工企业数十万家，既有上万人的大型企业，也有数十人，甚至几个人的私企、生产车间，主要集中在中部和东部地区。化学原料的储量达到数千万吨，甚至数亿吨。随着化学工业的发展，各类有毒、有害、易燃的化学原材料、中间体和产品不断出现，据不完全统计，化工产品可达600多万种，其中70%具有不同的毒害作用，对人员、环境具有很强的杀伤和破坏作用。这些化学原料有的处于生产运行中，有的处于静态存储状态，有的处于运输中，任何人为失误、意外事故、故意破坏，都会引发严重的后果。根据国外众多化工园区10年中发生的化学事故概率、死亡人数和储量统计分析，有21种有毒气体或挥发性较强、气化率较高的有毒液体和3种危险性较大的化学危险品。它们分别是：氯、氨、一氧化碳、光气、硫化氢、二氧化硫、三氧化硫、氢氰酸、氮氧化物、氟化氢、氯乙烯、甲醇、苯、硫酸二甲酯、甲苯、丙烯腈、甲醛、苯乙烯、溴甲烷、二硫化碳、二异氰酸甲苯酯和液化石油气、汽油、原油。遭袭或突发化学事故后，有毒有害化学物质通过扩散可严重污染空气、地面道路、水源和工厂生产设施。有毒气体随风迅速向下风方向扩散，数分钟即可扩散数百至数千米，危害范围可达数十平方米至数平方千米，导致无防护人员中毒。具有毒害作用的化学物质种类繁多、结构迥异，很多剧毒物质需要特效药才能救治。目前除少数有机磷、氰化物和一些重金属盐有特效抗毒药以外，其他有毒物质还没有一种有效的现场药物。我国化学设施主要集中在城市及与其比邻的周边地区，一些大型化工企业关乎地区生活，乃至军用作战、补给物资的生产和供应，如炼油厂、推进剂厂等，一旦遭袭，由于城市人口密集、基础设施集中，必将影响城市整体功能运转，导致交通管制、居民撤离、其他企业停止生产，进而扰乱整个城市的生活节奏，引起某种程度的混乱。由于这种影响的辐射作用，在周边地区还可能产生集体性心因反应，造成更严重的社会动乱。化学事故除了影响社会生活的方方面面外，还会影响经济建设、战场士气，更严重的是会有损国家在国际社会中的声誉。

第5章　国土安全空间塑造过程中的预警体系

核生化武器与核生化恐怖威胁、禁止核生化扩散与国际军控合作，始终位列各国国家安全战略的顶层。因此各国应对核生化威胁发展的预警报知体系，是塑造核生化安全空间的技术聚焦与主要基础。以美国为例，核生化威胁涉及美国及盟国国土安全防卫与美军全球作战。因此其核生化预警报知体系是跨越战略至战术级多层次系统，其终端可达全球各地，而且延伸到外层空间。具有规模庞大、军地融合、整体联动、指挥高效的显著特点。

美军核生化预警报知系统包括两级。一是由国家掌握指挥、多军种组合的美国国家战略预警系统，由战略探测预警系统和原子能探测系统两部分组成。主要任务是在平时、危机时和全面战争的各个阶段，都能不间断地对全球和美国国内面临的核生化态势进行预警、评估，并支持国家层级的指挥和控制。二是由军队使用的战场联合报警报知系统。主要任务是在战时对美军战场面临的核生化态势进行预警、评估，并支持战区、集团军、师、旅、营层级的指挥和控制。近年来，在美军全球信息栅格、盟国云计算网络、作战平台通用指挥架构、单兵作战系统态势图像等前沿技术支撑下，美军核生化预警报知系统开始向高级信息化战争时代（有人/无人信息化战争时代）继续发展。

5.1 美国战略预警系统

战略预警系统作为国之重器,其组成与技术涉及国土核生化安全的根本与持续巩固,现以美国战略预警系统为例加以说明。

5.1.1 美国战略预警系统的组成

美国战略预警系统,包括战略预警探测系统、国家原子能探测系统以及正在发展的无人化空中预警新体系等。

1. 美国战略预警探测系统

美国战略预警探测系统用于提供攻击警报,以防止战略突袭,对美军战略部队的生存至关重要。探测预警系统可分为弹道导弹预警系统和轰炸机预警系统。

弹道导弹预警系统,由预警卫星、弹道导弹预警、潜射弹道导弹预警、空间探测和跟踪系统等组成。其中"674"预警卫星系统,是美国战略预警的主要手段,它能在导弹发射30s后探测到目标并进行跟踪,与大型相控阵雷达为主的陆基雷达系统互相配合,实现对发射区域和来袭方向的全面覆盖,整个系统对陆基洲际弹道导弹可提供25min的预警时间,对潜地弹道导弹可提供15min的预警时间。2012年起,弹道导弹预警系统开始与导弹防御系统形成融合战斗力,可实现从发射段—高空段—中空段—末段的全程预警、探测、识别、跟踪与引导摧毁。

战略轰炸机预警系统,由远程警戒系统、超视距后向散射雷达、机载预警与控制系统、联合监视系统等组成。其中远程警戒系统由"远程预警线"的31个雷达站和34架E-3A预警飞机组成,远程预警线可提供2.5h的预警时间,E-3A预警飞机探测距离400km,1次扫描可探测显示600个目标,同时可引导100架飞机进行拦截,其空战任务规划能力十分强大。预警机是对核生化武器威胁实施空中预警的主要平台。

核生化预警机集预警、通信、辅助指挥控制等多功能于一身,由载机、监视雷达、数据显示与处理、敌我识别、通信、导航和无源探测7个电子系统组成。其主要代表为美军E-4B预警机和正在发展中的E-6预警机、"全球鹰"无人核生化预警机等。

2. 美国国家原子能探测系统

美国国家原子能探测系统是具有全球核爆炸监测能力的庞大系统,于1947年开发,覆盖太空、大气层、地下和海底。

(1)核爆探测卫星系统。由搭载"核探测传感器"的20颗GPS卫星、搭载"空间与大气爆炸报告系统"的多颗空间测试项目卫星以及近地轨道红外遥感卫星组成,其中"核探测传感器"和"空间与大气爆炸报告系统"均可提供核爆炸探测和空间环境数据,但后者功能更加完善。核爆探测卫星系统和美国空军空间与导弹系统的多任务卫星运行中心通联,可以收集电磁脉冲、闪光和核辐射数据,侦测洲际弹道导弹发射,实现太空作战快速响应。目前该系统正在持续更新。

(2)大气层采样系统。目前由一架WC-135来进行核爆炸大气取样。未来将由RQ-4或MQ-9高空长航时无人机取代。无人机载荷由3个机载吊舱组成,其中两个用于大气颗粒采样,另一个为"伽马辐射方向指示传感器",它通过4个大型碘化钠探测器和一套复杂的处理算法,引导载机定位并侦察放射性云团。

(3)地震台网系统。由40个声学地震台组成,是监测地下核爆炸的主要手段,所属的各区域地震台网可以感应到20t炸药所引发的爆炸。

(4)海底探测系统。由分布全球的5个水声探测站、海底光缆组成,是监测海底核爆炸的主要手段。

（5）传感监测系统。由放射性核素信号传感器组成，可侦测核爆炸时从土壤中渗出或释放到空气中的裂变产物。

3. 美国无人化空中预警新体系

预警机的出现颠覆了传统的空战规则，它强大的信息能力为作战体系提供了战场的信息控制。因为载人预警机被击毁的损失太大，造价高、人员多，几乎是难以承受之重。这些高风险让无人机有了用武之地，如果一架无人机能够起到大型预警机的作用，哪怕是部分作用，那势必颠覆交战双方的现有设想。低成本、长航时的无人预警机能够让作战体系不必担心预警机被击落，也就意味着能够始终掌控战场信息制高点。

与载人预警机相比，预警无人机的经济性好、费效比低且生存能力强。预警无人机与载人预警机一样，集预警、指挥、控制和通信功能于一身，可起到活动雷达站和空中指挥中心的作用。平时可用来进行空中值勤，监视敌方行动，战时可加大预警距离，扩大己方的拦截线并且可以通过它统一控制战区内的所有防空武器，有效指挥三军作战。预警无人机既可单独作用，又可与载人预警机配合使用。单独使用时，预警无人机利用下行数据传输线，将所获得的情报信息传到地面指挥控制中心。配合使用时，预警无人机率先部署在 200~300km 外，将所获得的情报发送给载人预警机，以此扩大预警范围，避免载人预警机穿行于危险区域。

美国格鲁曼公司研制的 D754 就是一种典型的预警无人机。该机装有新型机载共形相控阵雷达，能够在复杂电子环境中探测和识别如巡航导弹这样的低空飞行目标。此外，机上还装有红外等多种传感器。另外，无人预警机在岛屿防卫方面必定能够大有作为，岛屿面积相对较小，部署传统预警机必须搭配大型跑道，而无人预警机几乎能够部署到大部分的岛礁，这将大大提升岛屿、领海的守卫能力。

所谓"临近空间"，是指海拔 20~100km，处于现有飞机最大高度和卫星最低运行轨道之间的空域，包括大气平流层、中间大气层以及

第5章 国土安全空间塑造过程中的预警体系

部分电离层等3个区域，因此，也被称为"空天过渡区"，或"近空间"。美军最早提出了临近空间飞行器概念以后，受到了科技发达国家的高度重视。如何利用航空飞行器为陆海空三军联合作战，提供支援保障并保持太空优势，成了强国军队的不懈追求。目前有人飞行器在临近空间的飞行，还受到很多技术因素的限制。例如U-2高空侦察机，最大实用升限在25000m高度，达到了临近空间的底层，但目标特征仍然明显，易被地面雷达发现、跟踪和锁定，被远程防空导弹击落。不仅执行任务的能力受限，而且生存都不易，U-2高空侦察机曾被击落多次。无人战略预警机可吊挂在大型运输机或轰炸机机腹下，飞到一定高度时在空中投掷，随即机上的发动机点火，以超声速状态快速进入临近空间。其以最高50km的飞行高度和马赫数6的超高声速飞行状态，现有的防空体系即便发现无人预警机的踪迹，也难以用防空导弹将其击落。因此无人机可发挥隐身性能好，实用升限高、飞行速度快，以及机载探测设备先进的特点，凭借在临近空间的飞行执行情报收集、侦察、监视，以及给予己方通信保障等任务，从而与卫星、预警机、侦察机等密切配合，构成临近空间预警、侦察体系，实施对洲际重要军事目标和飞行中的核生化武器的全覆盖，并进一步增强己方的信息优势。

具体来说，无人机临近空间预警的优势包括5项。①对核生化武器等来袭战略目标有更好的预警侦察效果；②无人预警机专注近程目标和中低空空情预警探测，对巡航导弹、低空战斗机的突防，也能起到预警、警戒作用；③可以为地空导弹提供中继制导，为地空导弹的超视距拦截导弹、飞机提供指引。④可将获取的情报，通过先进且保密的数据链系统，及时传回地面指挥所，或者直接用数据链与其他作战平台共享，为己方远程打击兵器提供目标实时信息和战场态势，引导精确制导兵器对敌重要目标实施打击。⑤能作出战场打击效果评估等。

基于平台支撑能力，无人预警机和传统大型预警机或许存在差距，但如果用多架无人预警机组建成空中预警网，分担传统大型预警机信息处理和部分指挥功能，将是一种全新方式的预警体系。从而将单一的预警机变成了互相协作的预警网络,预警能力增强,抗打击能力强,进入预警领域所能开创的新方式。

未来,随着无人机集群智能时代的快速到来,无人机的机动性能和续航能力会更强大,通信控制手段会更多样化,更具隐蔽性,计算能力和人工智能能力会大大提升,无人机的"协同作战"能力会更强。在现代战场环境日趋复杂,敌方目标规避机动能力不断增强、防御生存能力不断提高的情况下,有助于增强整体战斗力,最大限度消耗敌方防御体系,获得最大作战效益。

5.1.2 美国战略预警系统的关键技术

1. 战略预警系统对目标的识别

战略预警系统对来袭目标尤其是核武器的识别,是在红外、雷达等前置传感器探测到目标后,将图像和轨迹数据通过数据链接入反导体系指挥控制网络,进行威胁评估与核查,这是提高远程预警系统全维探测网的探测效率的关键前提;也是在雷达资源有限的情况下,支撑雷达活动优先级判别,合理分配搜索区域、脉冲宽度与帧时间的参考依据。因此预警系统对来袭目标的识别技术,主要是一级数据融合处理的多重视图方法的初级识别技术,也就是对来袭目标在助推段、巡航段、突防段的反射波形、弹道运动数据进行判读,实现初级识别技术的分层、三维、多域反导搜索区标准化数据集合与雷达系统深度学习建模,从而使预警雷达系统能够对来袭目标真伪识别与型号判别,并满足数据链传递和卫星链接服务的界面仪硬件与指控软件需求。

将来以中子束撞击核弹头填装的核材料引发伽马射线释放的方法,也将逐步成为远程预警反导系统对核武器的高级识别技术。以美军为例,远程预警反导系统的陆基雷达,包括 X 波段的 AN/TYP-2 陆基雷达、S 波段单面与双面填充雷达以及"爱国者"雷达系统。美军远程预警反导系统的舰载雷达,包括"朱迪眼镜蛇"雷达、"眼镜王蛇"

第5章 国土安全空间塑造过程中的预警体系

雷达和正在开发的舰载"防空反导雷达"。为弥补上述雷达在目标识别能力方面的不足，2015年，美国雷声公司运用数据融合处理多重视图方法与机器学习方法，完成了自动搜索识别、聚焦搜索识别和精确提示搜索识别模块的安装测试，实现了上述雷达信号处理与数据处理的功能升级。美军上述雷达覆盖S波段与X波段，将来也会覆盖L波段，具有在多目标群中跟踪搜索大量目标数据能力，并可提供特定目标的高分辨率数据。另外，美军根据情报数据和试验数据，设定了雷达状态调整—搜索—识别—信息传输的任务剖面，也称雷达搜索计划。美军远程预警系统在接战状态下，雷达可以根据雷达搜索计划，自动调整天线设备，开启机器学习与智能识别模式，提取潜在威胁信息，将轨迹参数、识别数据、目标预判类型（如战略导弹、巡航导弹、高超声速飞行器、诱饵、燃料箱、碎片等）、目标排序等通过指挥控制、作战管理和通信系统发送给火控系统，实现态势感知和目标预警。目前随着卫星与无人机数据链路的成熟，美军在现有陆基和舰载雷达系统外，还将继续提升"天基红外卫星探测系统"和"无人机载多光谱目标系统"的目标识别能力，并形成整体网络化识别能力。当前，随着小型机动部署战略导弹、防区外远程巡航导弹、高超声速武器平台以及诱饵技术的发展，远程预警体系的防御空间扩大、目标识别种类增多。未来美军将在远程预警或反导系统的天基红外探测平台，陆基、海基和空基雷达探测平台，建立匹配支撑多波段、多站址组网雷达的核弹目标识别模块，支撑S频段雷达对多目标群的数据处理和X频段雷达对特定目标的高分辨数据捕获，运用战场一级数据融合处理的多重视图方法，提升远程预警系统对来袭目标的跟踪分辨率精度、识别效率与反突防能力。

2. 预警系统对核目标的毁伤评估

战略预警系统对目标的毁伤后果预估，是核生化防护应急行动的重要决策支持。目前战略预警系统对拦截目标的毁伤后果预估，主要还是聚焦于核目标毁伤预估。通过在一体化反导体系中加载核目标毁伤预估模块，在战略层面可以支撑全维探测网快速获得目标识别、威胁判读与危害预估结果，为战略预警与国土核生化防御部署争取宝贵时间，在战术层面可以在雷达资源有限的情况下，支撑雷达活动优先级判别和搜索区域、脉冲宽度与帧时间分配，提升远程预警反导系统对来袭目标的跟踪分辨率精度、识别效率与反突防能力，并有利于军地核生化防护行动的提前规划与高效开展。该模块的核心技术主要包括3个方面（表5-1）。一是基于风场模型体系，开展反导系统在空中拦截目标后的后果预估技术研究。具体包括在高空、中空、低空拦截来袭目标后，核生化物质释放或引爆、引燃态势研究；以及核物质在高空、中空、低空释放后的扩散与危害预报。预期成果为匹配反导体系不同拦截任务剖面的分层、三维、多域反导拦截区核扩散模型集合。二是核弹毁伤效果预估技术研究。基于融合全局及显著性区域特征场景识别方法，开展来袭核目标命中我方后的毁伤效果预估技术研究。具体包括来袭目标命中位置坐标估算、侵彻深度估算、联合作战典型作战场景与核生化工业设施建模，袭击后果计算、受袭区域的防护措施预报。三是联合作战典型环境中典型目标的核袭击毁伤模型集合。美军对于中段拦截造成空中核爆或脏弹效应，以及拦截失败后核弹命中的毁伤效应研究已经比较成熟，代表性成果为美国国防部发布的联合分析系统防护体系架构 JAS - Release2.0 版，其数据库完整，功能模块齐全，已应用于各军兵种指挥平台。

表5-1 预警系统对核目标的毁伤评估模块

理论体系	技术	研究内容	成果模型
风场模型体系	后果预估技术研究	研究来袭目标核生化物质释放或引爆、引燃态势；以及核物质在高空、中空、低空释放后的扩散与危害预报	匹配反导体系不同拦截任务剖面的分层、三维、多域反导拦截区核扩散模型

第 5 章　国土安全空间塑造过程中的预警体系

续表

理论体系	技术	研究内容	成果模型
融合全局及显著性区域特征场景识别	核弹毁伤效果预估技术	袭击后果计算、受袭区域的防护措施预报	来袭目标命中位置坐标估算、侵彻深度估算、联合作战典型作战场景与核生化工业设施建模
袭击毁伤仿真	联合作战大规模袭击毁伤模型集合	中段拦截造成空中核爆或脏弹效应、以及拦截失败后核弹命中的毁伤效应研究	联合作战典型环境中典型目标的核袭击毁伤模型

美军用于战时核侦察巡测与平时国土核生化防御侦察巡测的专用机见图 5-1。

图 5-1　美军核生化侦察巡测专用机

3. 预警系统对生物目标的远程预警

在核生化领域，生物目标的远程预警是指综合利用物理和化学手段，对 5km 以外的生物战剂进行侦察、识别和报警报知的行动。其涉及的技术手段目前以光谱遥感侦察、数据库对比识别和网络报知为主。

由于地形影响,目前地面光谱遥感设备对生物气溶胶的侦察距离都比较近,因此世界主要国家都在基于空中侦察的基本技术,重点发展无人机载预警系统对空中生物气溶胶云团的远程预警,随着侦察技术的发展,未来也不排除无人车对地面生物气溶胶云团进行远程侦察的可能性。

(1) 气溶胶基本性质。

气溶胶是指悬浮在气体介质中的固态或液态颗粒所组成的气态分散系统。这些固态或液态颗粒的密度与气体介质的密度可以相差微小,也可以悬殊很大。根据颗粒物的物理状态不同,可将气溶胶分为以下三类:一是固态气溶胶——烟和尘;二是液态气溶胶——雾;三是固液混合态气溶胶——烟雾(烟雾微粒的粒径一般小于 $1\mu m$)。气溶胶具有胶体性质,如对光线有散射作用、电泳、布朗运动等特性。大气中的固体和液体微粒作布朗运动,不因重力而沉降,可悬浮在大气中长达数月、数年之久。

从生物战剂来看,其在空气中的分布通常指含有病毒或细菌等病原体的气溶胶。常见的微生物气溶胶粒径在 $0.01\sim100\mu m$ 之间,病毒粒子粒径为 $0.02\sim0.3\mu m$,细菌以及真菌等粒径范围在 $0.3\sim100\mu m$ 之间,其中与疾病有关的微生物气溶胶直径主要集中在 $0.1\sim20\mu m$。按其形成组分可分为病毒气溶胶、细菌气溶胶和真菌气溶胶。生物性气溶胶具有以下特点:①气溶胶中病毒、细菌的浓度较雾化前母液的浓度高。②气溶胶中病毒、细菌的死亡速度通常有2个阶段,气溶胶形成最初几秒钟内死亡较快,约有半个数量级的微生物遭到灭活。此后的死亡速度较慢并受微生物种类、性质和气象条件(相对湿度、日照、温度等)影响。③生物性气溶胶可因风向、风速而飘离其原发地区。细菌性气溶胶可扩散至下风向 $1km$ 处仍保持其生物活性;肠道病毒在下风 $50m$ 处也可检出。病毒气溶胶虽然只能在寄主细胞内繁殖,但在没有寄主细胞的条件下仍可附着在如呼吸道分泌物等液滴上形成病毒气溶胶而通过空气传播,能导致传染病的发生,如流感、腮腺炎、麻疹等;细菌气溶胶通常是单独存在或由其他粒子所携带,病原性细

第5章 国土安全空间塑造过程中的预警体系

菌易对人体健康造成危害；真菌气溶胶常在潮湿的环境中发生，室内环境中的霉菌等易导致哮喘、过敏性鼻炎等。微生物气溶胶可如细颗粒物一样，进入人体呼吸系统，在呼吸道甚至肺部中阻留或沉降，其生物活性又使得微生物气溶胶较普通气溶胶对人类威胁更大。

由于生物战剂的种类繁多，性能各异，为一些拥有生物武器的国家提供了选择使用的条件。如破坏对方大后方的生产和运输，可使用传染性强的、致死性高的生物战剂；攻击准备占领后立即使用的港口、机场等目标，可使用短潜伏期、非传染性生物战剂。①通过污染空气经呼吸道进入人体，这是最容易实现的侵入方式。一般通过飞机、导弹等喷洒生物战剂气溶胶，可造成大面积污染。②通过食物和水经消化道侵入人体。活的微生物在食物和水中可较长时间存活，造成长时间污染。③通过感染了致病微生物的吸血昆虫叮咬，经皮肤侵入人体。如黄热病毒经埃及伊蚊叮咬而传播。这些病毒在蚊体内可存活3~4个月。④通过皮肤、黏膜伤口侵入人体。

（2）生物气溶胶的空中光散射侦察。

气溶胶是极不稳定的胶体分散体系，但由于布朗运动的存在，也具有一定的相对稳定性。当激光在大气中传输时，大气中的各类气体分子和气溶胶粒子都会对激光产生吸收和散射，进而影响激光在大气中的能量分布。在各类引起激光衰减的因素中，对激光传输能量损耗最大、传输特性影响最为强烈的是大气气溶胶粒子的散射、吸收和衰减效应。大气气溶胶所导致的大气散射会使光束向四面八方发散，严重破坏激光的定向性和能量集中的特性，从而导致定向激光传输的作用距离缩短，激光能量降低，严重时甚至造成打击失效。因此研究气溶胶的吸收和散射特征，可以得到激光衰减效应及其物理规律，从而进行生物战剂侦察。以美军为例，其战术级生物空中侦察任务主要由2015年研制的"飞行试验室"无人机承担。该机航程250km，搭载摄像机、数据传输资料组件、SD卡，工作温度为-30~60℃。机载生化载荷包括：①电子采样过滤器。该收集器是含离心风机且具有电子干燥功能的过滤器，对大于$2\mu m$的生物气溶胶颗粒和大于$0.3\mu m$的放射性气溶胶颗粒，收集程度均可达99%。②基于紫外激发生物荧光技术的生物探测器。该探测器是利用生物荧光标记检测技术的气溶胶粒子计数器，可对气溶胶化细菌、孢子、病毒和毒素进行检测，采样率1L/min。③气体探测器。该探测器为第二代离子迁移谱仪，可检测已知的所有毒剂和10种有毒工业气体，灵敏度可达ppm。该机功能齐全，具有较强的战役战术使用价值。其基本工作原理为激光诱导荧光技术，触发器/探测器连续不断地对大气背景中潜在的生物毒剂进行测量，当系统探测到可疑物时，采集器/浓缩器就开始样品采集，每分钟采集数百升空气。采集的样品采用带有自动读出装置的免疫检定（类似于孕检条）进行生物毒剂检定。如果分析检定表明出现生物毒剂信号，就发出报警声响，一部分样品用于实验室分析检定。

5.2 其他国土预警平台

除战略预警平台外，美国还拥有基于先进核生化传感、侦察和指挥体系的其他预警平台，其应用侧重于军民融合。

5.2.1 美国CBRNResponder平台

1. CBRNResponder平台功能与应用

CBRNResponder是美国基于国家政策指导、用于所有CBRN事件数据共享和多危害事件管理的单一安保平台。CBRNResponder由美国联邦应急管理局和各州政府提供资助，对美国所有州和各级单位提供免费服务。为扩展其在化生放核危机中的数据收集、信息共享和事件管理能力，CBRNResponder平台中集成了针对化学事件的ChemResponder（2018年启动）和针对放射性/核事件RadResponder（2013年启动）的子平台，针对生物事件的BioResponder子平台于2021年启动，正在开发中。

第 5 章　国土安全空间塑造过程中的预警体系

CBRNResponder 平台整体于 2019 年 7 月 17 日启动。全美 1500 多个单位可以通过 RadResponder 和 ChemResponder 查看核与化学威胁，并对上述威胁进行积极的准备和应对。CBRNResponder 还提供了威胁建模和大气评估功能，为培训、演习和化生放核事件应急提供建模支持。

其中，RadResponder 网络由美国联邦应急管理局、美国能源部、国家核安全局和环保署共同开发，使美国政府、州和各级单位能够迅速记录、共享和汇总大量数据，同时在一个免费的、基于网络云的数据收集系统上管理其设备、人员并协调各单位关系。在辐射或核应急响应期间，RadResponder 可通过智能手机和计算机的网络访问在美国各级政府中无缝快速使用。

RadResponder 具备全时应急支持的电话或网络热线，可以提供实时的地面真实数据和监测。RadResponder 绘图工具可提供实时数据、响应者位置、建模、用户地理信息系统（GIS）文件、固定传感器、设施和采样位置的地理空间显示，以提供实时监测和态势感知。GIS 文件输出可确保 RadResponder 与其他地理空间态势感知工具具有互操作性。RadResponder 将大气扩散模型纳入事件中，能够快速显示烟羽模型，以支持任务规划和决策。RadResponder 具备以下能力：①放射性扩散装置指导。用户点击按钮即可查看放射性与核事件热区、就地收容区和多点监测部署方案。②烟羽建模和 GIS 文件：用户可以使用美国国家大气释放咨询中心的羽流模型，也可将用户自己创建的建模文件上传到公共平台中。③固定传感器集成：通过来自全美范围内的固定监测传感器的数据流，获得实时态势感知。④响应者追踪：追踪在现场使用移动应用的响应者。⑤使用集成应用编程接口（API）和蓝牙直接向 RadResponder 发送数据。RadResponder 可用于放射性扩散装置、核能释放、远程监测/背景画图、预防性辐射/核探测等。

目前使用 RadResponder 案例的很多；例如美国佛罗里达州卫生部辐射控制局与圣卢西核电站核应急与核防护分级演习，伊利诺伊州核应急与核防护评估演习，美国能源部、联邦辐射监测和评估中心在明尼苏达州举行的"极光"演习，民主党和共和党全国代表大会安保等。

另外联合国大会、美国独立日庆典、美军军校毕业典礼等重大活动都部署了 RadResponder。2016 年 2 月初，在美国第 50 届超级碗比赛前，RadResponder 被用来承担放射性/核事件安保与应急行动。来自能源部/国家核安全局的辐射援助小组，以及来自环保局辐射应急小组的响应人员，利用 RadResponder 收集了旧金山湾区周围数百个现场调查、样品、光谱的数据并上传了数千个分析结果。2019 年 8 月在伊利诺伊州梅迪纳乡村俱乐部举行的 BMW 锦标赛职业高尔夫球赛期间，联合危害评估小组使用 RadResponder 和 ChemResponder 进行危害监测。利用 CBRNResponder 网络对这一周的活动进行监测，以跟踪放射性和化学读数、观察结果、情况报告和反应人员的位置。CBRNResponder 是一个基于网络的平台，除了互联网浏览器、智能手机或笔记本电脑外不需要任何特定的软件或硬件。在 CBRN 安保与应急过程中，各机构间可以便利地实现数据共享和态势感知，从而为多机构协调和多方法联合提供有效的机制和平台，以满足联合危害评估小组的共同行动需求。安保和应急指挥部使用 GIS 软件创建的地图数据包括疏散区和路线、周边门、现场位置数据等都被添加到 CBRNResponder 事件地图中。通过添加 GIS 覆盖层，安保和应急指挥部能够在地理空间图上查看安保区域的所有位置细节，在比赛期间，各安保小组定时提交放射性和化学背景测量，与测量结果一起提交的还有照片和分析结果。在安保和应急指挥部，专业小组负责人可以看到这些测量结果和细节的实时显示。由于 CBRNResponder 具有响应者追踪功能，可以显示个人路径，因此每个响应小组所覆盖的区域都可以实时显示。在 BMW 锦标赛的过程中，共收集了 28 份放射性调查、24 份情况报告、20 份观察报告、7 份燃气表读数、5 份经验教训和 1 份样本。除了收集到的数据外，还记录了超过 11500 个响应者跟踪点。

2. 与 CBRNResponder 平台集成的设备

美国联邦应急管理局认为，将放射性检测设备测量的数据自动输入 CBRNResponder 应用程序可最大限度地减少人为错误并提高整体数

第 5 章　国土安全空间塑造过程中的预警体系

据质量。RadResponder 开发了相应的应用编程接口，允许各专业设备收集的读数直接发送给 RadResponder，从而减少了数据输入错误。目前很多许多专业检测设备已经开发了与 RadResponder 集成的应用程序，这些设备直接与 RadResponder 通信，或者通过移动应用程序从设备接收读数，然后将读数上传到 RadResponder。此外，ChemResponder 也开发了一个应用编程接口，允许将专业检测设备收集的读数直接发送给 ChemResponder。

5.2.2　美国 WebTAK 和 ATAK 系统

1. WebTAK 和 ATAK 系统的功能

近年来美国总统就职典礼上，Draper 公司开发的名为 WebTAK 的新软件程序提供了实时沟通和应对潜在威胁的方法。WebTAK 基于美国国防部开发的安卓战术攻击工具包，超过 10000 名现役官兵在实战中对安卓战术攻击工具包进行了多年测试。目前安卓战术攻击工具包已经升级扩展成为更广泛的产品线，被称为战术感知工具包。战术感知工具包已经在安卓操作系统、微软操作系统、苹果操作系统平台上部署，可以为战场作战人员提供手持式的信息共享。在美国总统就职典礼上，WebTAK 被用来共享态势感知并在多个单位之间进行协调。出于安全原因，部署的具体细节没有公布，但 WebTAK 的目标是加强决策支持、态势感知，并保护军队和平民免受 CBRNE 威胁。与安卓战术攻击工具包一样，WebTAK 是地理空间协作平台，允许团队共享信息和访问数据，以实现实时的情况感知。WebTAK 提供了多种服务功能，包括地图和导航、范围和方位、文本聊天、部队跟踪、地理空间标记工具、图像和文件共享以及视频回放。

2. WebTAK 和 ATAK 系统的开发与插件

通过在互联网设备上运行 WebTAK，用户输入一个网址，登录系统，并立即接收信息，就可以获取事件的态势感知。开发人员还为 WebTAK 的软件开发工具包提供了定制插件。这些插件能够将创新技术快速集成到 WebTAK 中，使之能够适应用户对态势感知日益提升的需求。WebTAK 具备安全套接字层，可以实现端到端加密保护。作战人员、应急响应人员和警察可以根据他们的角色或任务定制操作环境，并随时随地通过互联网的安全连接获得态势感知。ATAK 的开发由美国国防部威胁降低局资助。美国国防部威胁降低局（DARPA）利用 ATAK 加强 CBRNE 态势感知，目的是保护军队和平民免受生物、化学威胁和有毒工业化学品的危害。与 WebTAK 一样，ATAK 也是具有插件功能的地图系统。目前，ATAK 有超过 40000 名美国国防部用户。

作战人员面对化学和生物制剂的释放时，需要了解实时的天气状况（如风速和风向、稳定性、降水），以了解毒剂散布和扩散的可能性，还需要知道所释放的毒剂类型，监测个人生命体征以评估他们与毒剂的接触情况，并找到一条通往安全的路线。ATAK 可以连接到许多平台上的传感器（例如卫星、无人机、智能手表），并有许多插件，作战人员可以根据他们的角色或任务，下载插件来定制他们的操作环境。ATAK 允许各种插件或应用程序共享信息。ATAK 包括 3 个 CBRN 插件：CBRN 效应、CBRN 传感以及"过滤时间"。当面临 CBRN 威胁制剂的释放时，作战人员可以使用 ATAK 引导自己进入安全区域。

CBRN 效应为 ATAK 增加了两项功能：CBRN 事件的实时危险预测和车辆导航。该插件优化了美军在核生化环境中的危险预测和评估能力，即使在没有互联网连接的情况下也能在终端用户设备上运行。当该插件连接到互联网时，可以迅速结合美军的气象数据服务器，为作战人员提供实时天气，以描述化学和生物战剂释放后的散布和传播情况。CBRN 效应插件还利用了现有的车辆导航系统插件，这样为作战人员提供了一个复杂的路线选择工具，除了考虑时间外，还需要考虑污染和暴露，并为作战人员提供最佳安全路径建议。

美国国防部威胁降低局与美国陆军作战能力发展司令部化学生物中心合作，在 ATAK 中加入了美国陆军的综合传感器架构以及捕捉

第 5 章　国土安全空间塑造过程中的预警体系

CBRN 事件的传感器。美国陆军的综合传感器架构无缝集成了不同的传感器技术，为作战人员提供他们所需的数据。

"过滤时间"解决了作战人员长期以来的要求，即实时指导使用人员在 CBRN 释放后持续使用该面罩的时间。ATAK 通过"过滤时间"插件提供这种指导，指示作战人员可以在危害现场附近坚持多久，何时立即寻求帮助，以及何时避免污染。

在 2019 年的美军化学和生物作战分析活动中，作战人员认为 ATAK 中的 CBRN 能力有效，而且只需最低限度的培训就能轻松使用。

5.2.3　美国 SIGMA + 项目

1. SIGMA + 项目系统的建立与发展

长期以来美国发布的各个版本《国家安全战略》报告均明确核生化等大规模杀伤性武器仍然是美国面临的三大威胁之一，上述报告均不断强调 CBRN 威胁态势感知的重要性。为此，美国积极探索能够早期发现和感知 CBRN 的新技术路径，发展实时掌控国家重点地区乃至全国 CBRN 威胁态势的能力。在此背景下，2013 年 DARPA 和国防科学办公室首次提出针对核与放射性"脏弹"威胁的态势感知，开展"西格玛"（SIGMA）项目建设，形成军地一体、网信通联、可对核与放射性"脏弹"威胁进行态势感知的国土装备体系。为应对新技术发展带来的新型威胁，DARPA 基于 SIGMA 阶段性测试的成功结果，不断拓展基于 SIGMA 系统的广域监测能力。2018 年，围绕对 CBRN 威胁的综合性早期感知提出了 SIGMA 项目的拓展增项计划——SIGMA +，即将态势威胁感知从以核领域为主扩展至化生放核爆（CBRNE）领域。SIGMA + 以现有传感器能力为基础，提出增加传感器模式，并整合大规模化生放核爆传感器数据、新的自动化多源数据分析以及其他环境数据，建设与 SIGMA 项目配套的核监测全联网以及化生爆威胁高性能探测器。与此同时，SIGMA + 项目还利用先进的科学技术进行威胁与危害态势建模，以增强对威胁的检测和足迹效果。SIGMA + 项目的预期主要是通过对物理感测、大数据自动分析技术、环境数据分析以及先进的建模功能集成，构建可对所有 CBRNE 大规模杀伤武器威胁进行早期检测的变革性、实用性系统。SIGMA + 是拓展 SIGMA 项目的增项计划，它以 SIGMA 项目为基础，发展出可用于整个城市化生放核爆威胁的全谱、实时、持久、早期探测系统。根据 2018 年 4 月 DARPA 发布的公告，SIGMA + 项目共提出传感器、网络与分析、测试与评估 3 个重点发展内容，分成 2 个实施阶段。第一阶段重点是研究传感器、组网架构和自动分析功能；第二阶段重点是监测网络的整体集成。整个项目期间将贯穿进行系统模拟、试验和评价。其中，网络与分析任务分为两期实施计划：第一期从 2019 财年第四季度到 2021 财年第四季度，共 27 个月；第二期从 2022 财年（FY22）到 2023 财年，为期 24 个月。

2. SIGMA + 项目系统的重点技术领域

SIGMA + 项目对计划开展的 3 个重点发展技术领域提出了相应的研制目标和指标体系。

（1）针对化学侦检技术领域。项目提出寻求发展新型化学侦检系统，能够在多层建筑内持续、自动监测较大范围（约 $10 km^2$）城区，探测或鉴定化学危险（如爆炸物、化学战剂、有毒工业化学品或毒品等）的存在，要求能够同时探测或鉴定多个痕量物质，包括某类威胁的前体。

（2）针对生物检测技术领域。DARPA 要求研发移动式、多功能、可扩增的空气监测器，可对城市范围内生物袭击进行持续监测和早期预警，同时能够对多种良性生物进行本地监测和识别。该系统的移动式实时联网监测可以同其他背景数据，如气象数据结合，从而优化系统灵敏度，同时降低误报的产生，并具备进行快速二次扫描和判断功能。

（3）针对网络与分析能力。2018 年 DARPA 发布的项目公告重点对网络与分析能力提出了预期指标。该部分包含3个技术领域：多源数据的自动化和传感器综合分析系统、网络基础架构与系统集成以及接口与互操作性。①多源数据的自动化和传感器综合分析系统希望通过多源传感器数据的综合分析增强CBRNE威胁检测网的功能，提高对大规模杀伤性武器威胁的阻击概率。通过利用更多背景数据来降低总体误报警率并减少干扰源影响，多源数据的自动化和传感器综合分析系统可以降低运行负担并提高灵敏度。②网络基础架构与系统集成主要寻求灵活、可扩增的网络基础架构，从而将SIGMA项目、SIGMA+传感器项目和SIGMA+网络与分析项目中各技术领域信息进行综合集成。③接口与互操作性技术领域旨在研制SIGMA+系统期间，实现已有系统和网络间互操作性整体效率的提升，从而便于美国及其盟友共同应对大规模杀伤性武器威胁。

DARPA"SIGMA+"网络在2019年"Indy500"汽车赛上成功完成首次核生化传感器集成试验，展示了应对CBRN行动中提供综合威胁图的能力。"SIGMA+"网络能够将可能威胁的实时警报覆盖在数字地图上，因此安全人员可以高精度地识别潜在大规模杀伤性武器威胁的类型和位置。

5.2.4 美国FirstWatch系统

2004年6月8—10日的第30届G8峰会在佐治亚州举行，该峰会被美国政府指定为国家特别安全事件，由美国特勤局负责安保设计、规划和实施；特勤局还负责与所有参与的执法部门、公共安全和活动官员建立密切的协同关系。在峰会召开前夕，来自美国联邦和地方情报部门的大量安全警告显示，位于佐治亚州南部海岸线外的海岛及其周边地区可能是生物恐怖主义袭击的主要目标。为了应对这一事件，美国使用FirstWatch系统设置了5个哨兵事件触发器和一个病症监测档案，以便在需要的时候提供或检索紧急医疗数据支持。FirstWatch的触发基于哨兵事件技术，根据事先用户定义的数据过滤标准，使用多种

FirstWatch 分析方法进行数据筛选和报警显示。在收到可疑包裹、可疑粉末、炸弹威胁、内乱/骚乱或爆炸的报告时，FirstWatch 的哨兵事件技术可为所有机构提供早期预警和可靠通知，以便更好地实现协调反应和互操作性。在任何生物突发事件中，FirstWatch 都会自动通知预先指定的联系人，包括 FirstWatch 系统设备维护人员、当地医院的感染控制医生，以及来自佐治亚州卫生部的医疗专业人员和流行病学家团队，便于他们即时参与对紧急医疗数据库数据的实时分析。除了 FirstWatch 的实时服务外，流行病学家和公共卫生专业人员还可以利用其监测非实时的急诊室数据集以及医生提供的疾病报告。

第6章 国土安全空间塑造过程中的防御体系

6.1 应对核生化袭击的导弹防御体系

6.1.1 应对核生化导弹防御的基本技术

导弹防御系统是在特定地点遭受导弹打击前,利用导弹拦截技术,用导弹防御导弹的一种技术。即己方发射导弹,将攻击导弹拦截在杀伤范围以外,以达到摧毁导弹或使导弹失去攻击能力的目的。导弹防御系统在一定程度上决定了国家最终战略防御能力,其安全意义十分重大。

拦截弹道导弹,先由雷达发现拦截的目标,但远程导弹就需要卫星的配合才能发现追踪目标。例如美国预警卫星可以捕捉到远程地面上导弹发射时的火球所散发的红外特征光谱,通过持续监测这枚导弹的飞行轨迹,再计算出该导弹是否会威胁美国,然后决定要不要拦截。初段拦截是最容易的,因为初段导弹升空速度较低,但也最危险。通常初段导弹都是在自己国内发射,完成拦截就需要拦截力量深入敌国,无疑需要冒巨大的危险。中段拦截基本在太空中,需要专用的拦截弹拦截高空中的导弹，而且这一阶段难度如同用一枚子弹去击中另一枚子弹，其难度可想而知。最后就是末段拦截，这一阶段导弹一般只剩下一个弹头，而且此时速度约 $10\sim20$ 倍声速，即使被拦截了，核弹在空中爆炸依然会给地面造成伤害。拦截巡航导弹相对容易，一般的防空导弹甚至高射炮都有能力拦截巡航导弹，其作战模式与拦截飞机基本相同。但对于超高声速巡航导弹以及超低空巡飞弹，目前绝大多数防空导弹或高射炮还是没有能力拦截的。

综上所述，对核生化导弹的防御技术（或称反导技术），主要是针对弹道导弹三个不同的飞行阶段进行拦截的技术。

（1）针对上升段的拦截技术，从导弹飞行的阶段来看，拦截越早效果会越好。因此国际反导技术的发展趋势是尽可能地提前拦截，如果能在上升段拦截是最有利的，但难度也最大。典型的上升段拦截技术，有美国试验的装在波音 747 飞机上的 ABL 机载激光反导武器系统，目前随着激光技术快速发展，此类拦截技术逐渐成熟，且应用范围不断扩大。

（2）在弹道导弹的飞行中段，也就是在大气层外实施拦截的技术，即通常所说的陆基中段反导拦截技术。这个阶段的拦截效果也是比较好的。陆基中段反导拦截技术是预警系统对目标进行早期预警，在大气层外进行捕获。中段是弹道导弹飞行高度最高、速度极快的一段，在理论上拦截难度比通常防空系统面临的难度更高，因此试验的意义很重大。陆基中段导弹防御系统，是从陆地发射平台对敌方弹道导弹进行探测和跟踪，然后从地上或海上发射拦截器，在敌方系统的弹道导弹尚未到达目标之前，在其飞行弹道中段，即太空中对其进行拦截并将其战斗部摧毁。陆基中段导弹防御系统的系统组成庞杂、技术难度极高。

（3）针对导弹飞行的末段，也就是再入段进行拦截的技术，一般称为末段拦截技术。末段拦截实际上是在大气层内实施拦截的。目前较为常见的末段拦截技术的武器，比如美国的"爱国者"-3、俄罗斯的 S-300 和 S-400 等。这些导弹都具备在大气层内针对导弹的末段

第6章 国土安全空间塑造过程中的防御体系

进行拦截的能力，它们都属于末段反导技术的范畴。

中段拦截与末段拦截的拦截弹、高度、范围、目标都是不同的。就末段拦截来说，它的拦截高度是几十千米，一般为 20~30km，拦截半径也是几十千米。而弹道导弹在大气层外的中段的飞行高度是很高的。其拦截高度和范围比末段拦截弹要大得多，通常都在几百千米以上。所以中段拦截与末段拦截所使用的拦截弹完全不同，且两者所拦截的目标有很大差别。末段拦截可针对多种目标，既可以针对中远程弹道导弹，也可以针对近程弹道导弹。而中段拦截弹则只针对中远程乃至洲际弹道导弹。中段拦截的武器系统就是由助推火箭和弹头组成的，其技术难点就在拦截弹头。拦截弹头要求拥有小型化结构，且弹头的飞行精度要求很高，需要有较高灵敏度的目标捕获制导系统支撑。反导作战行动对指挥信息系统的计算能力要求很高，速度要很快。当然，助推火箭也要有一定的要求，最好是速燃火箭，这样才能在尽可能短的时间里把反导拦截弹头送入到大气层。另外，助推火箭的控制精度要求也相当高，如果误差超过弹头制导系统所能捕获的范围，也无法达到拦截效果。

6.1.2 导弹防御的体系组成

反导拦截系统作为实战性很强的系统，不仅有导弹，还要有强大的预警和监测网络。因为要拦截弹道导弹，就要尽可能提前发现目标，同时要在其上方进行跟踪、计算飞行弹道，只有这样才能计算出最佳拦截点，并迅速将拦截弹发射到拦截点的位置，释放拦截弹头。这样才算完成一个完整的拦截过程。导弹防御系统由远程预警系统、拦截系统和指挥管理系统组成，主要用来对敌方中远程弹道导弹进行探测和跟踪，然后从陆地发射拦截器，在敌方弹道导弹飞行中将其拦截，使其无法飞临我方本土，从而有效防止敌方对我的核打击，降低敌方核威慑。从其具体组成来看，一是预警卫星，二是预警雷达，三是地基雷达，四是地基拦截弹，五是指挥控制通信系统。作战管理指挥控制通信系统利用计算机和通信网络把上述系统联系起来。一旦收到美国航天司令部的发射命令后，拦截弹即发射。拦截器靠携带的红外线探测器锁定来袭导弹后，靠动能与它相撞，与对方同归于尽。导弹防御系统技术难点在于目标的预警、拦截弹对目标的跟踪、拦截弹头与助推器分离等方面。飞行中段是弹道导弹飞行高度最高的一段，远程弹道导弹的中段是在大气层以外飞行。作为中段导弹拦截系统，其技术难度要远大于末段拦截系统，中段导弹拦截首先需要克服大气层外恶劣的工况条件，必须具备动能拦截器、精确探测跟踪与末制导技术、空间作战平台总体技术与平台战时测控技术等一系列当今导弹和空间作战武器的前沿科技。

6.2 无人机对核生化武器的截击毁伤

对其他核生化运载工具如飞机的防御，主要采取空战截击和防空火力拦截的方式。其中值得一提的是利用核防空导弹对战略轰炸机进行拦截。在冷战时期，为确保国土避免遭受战略轰炸机的核袭击，美国和苏联都曾在远程防空导弹上搭载核弹头，确保将其在空中摧毁。目前此类武器大多已封存或退役，但仍然具有潜在的实战价值。为对付日益严重的战术导弹威胁，国外在积极改进现有反导导弹的同时，还大力发展用于拦截战术导弹的无人机。由于无人机可预先靠前部署，能及时发现目标，在较远距离上拦截处于助推段的核生化导弹或摧毁来袭导弹，从而能有效地克服"爱国者"、S-300、S-400等反导导弹反应时间长、拦截距离近、成功拦截后的残体对所防卫目标仍有一定损害的不足。无人机携带的小型和大威力的精确制导武器、激光武器或反辐射导弹，还可对雷达、通信指挥设备等实施攻击。目前在部分作战领域小型高速攻击无人机可以代替导弹。德国的"达尔"攻击型无人机，能有效对付多种地空导弹，主要用于为己方攻击机开辟空中通道。反导拦截将成为无人机未来作战中最精彩的使用方式。

6.2.1 无人机运用传统武器截击

对核生化武器的空中截击有多种方式，传统的应急截击方式主要由有人驾驶的高性能空战截击飞机完成。无人机可用留空巡航性武器实施空中截击。美国陆军设想通过几种类型超视距巡航导弹的组合来追求区域控制权，实现对核生化武器的空中拦截。最初的概念包括"智能"巡航武器，通过这些武器可以提供区域监视，获取目标并准确发动攻击；而其他目标则可使用配备红外成像搜索器的精确攻击导弹。然而，要实现这个设想太昂贵和复杂。

目前美国陆军已取消巡航导弹的传感器元件研究，改为通过网络提供给作战单元攻击目标，并为巡航导弹配置了带有传感器元件的超视距发射系统。美国空军正在考虑使用各种空中优势系统，以保证军队长时间控制空域，消除行动和机动敌人。

目前正在考虑的系统是标准武器化无人机或装有成像传感器的小型消耗性巡航武器，如低成本自主攻击系统。在"智能弹药"武器群作战中，低成本自主攻击系统可以自主搜索和摧毁关键的移动目标，同时瞄准广阔的作战区域。最近低成本自主攻击系统思想升级版引入了人员在线功能，以便实现重新定向，并在需要时能够由人工控制中止攻击。进一步的增强可以将低成本自主攻击系统集成到载有4个低成本自主攻击系统单元的"监视微型攻击巡航导弹"的"母舰"中。母舰将能够支持追踪目标、监视和通信的单位，并将基本版本的范围和持续性扩展到450km以外。以色列率先部署由以色列航空航天工业公司开发的"哈比"巡航防空压制武器。该系统已被包括土耳其、韩国和印度在内的多个国家采购。以色列军事工业公司正在为其 Delilah 空射导弹展示类似的多用途弹头，但这种武器对于传统无人机来说相当大。在美国和以色列的合作下，新型"哈比"被开发称为"短剑"。虽然该项目尚未正式结束，但据悉以色列已经向包括英国在内的几个客户提供了先进的"哈比"系统，在英国其被称为"白鹰"，与导弹、智能炸弹等先进武器一起参加了英国巡航弹药能力展览。另一家以色列公司 RAFAEL 则参加了同一个项目的竞争,为 EMIT 公司设计和生产的改进型"麻雀"M 无人机提供"战地巡航火力直接作战"系统。

针对运载生物化学武器实施布洒的无人机,可发展空战截击无人机,即空中格斗无人机或战斗无人机。美军认为,战斗无人机是下一代战斗机的发展方向。其正在大力研制的战斗无人机计划在 2020—2025 年投入作战使用,速度马赫数将达到 12～15,既可用于对地攻击,又可用于空战,还可用于反战术导弹。无人机可携带多种精确攻击武器,对地面、海上目标实施攻击,或带空空导弹进行空战,还可以进行反导拦截;另外,空中格斗无人机具备有人驾驶飞机无法比拟的低空攻击能力和机动能力,不易被敌方发现或截获,因而在空战中占有先机。在与 F-14 战斗机进行的一场近距离模拟空战中,空中格斗无人机能在不改变高度的情况下,进行过载为 $6g$ 的机动,成功地躲避了 AIM-120 导弹和 AIM-6L"响尾蛇"导弹的攻击,并占据了 F-14 后侧有利攻击位置。为加强低空低速条件下反直升机作战的能力,美军还试验在"天眼"R4E-40 和"勇敢"-200 无人机上装载"轻标枪""毒刺"导弹,用以对付直升机。这种无人机备受海军欢迎,专家预测这种无人机批量装备海军后,将改变目前舰载航空兵的编制结构。目前,美、英两国已提出发展无人战斗机的各种构想和方案,并认为战斗无人机会从作战支援装备提升为作战装备,将改变未来空军的力量结构和作战原则,成为 21 世纪空中作战的主导力量之一。

6.2.2 无人机对核生化武器的新概念截击

当前对核生化武器的新概念截击热点是运用纳米能量武器实施空中截击,这也是无人机实现空中拦截生物化学武器的可能选项。

众所周知,高能材料含有化学能,就像烟花或火箭燃料可以快速燃烧释放能量,手榴弹或炸弹可以爆炸释放能量。美军作战部门和国家实验室正在对聚合物、金属、陶瓷、复合材料和生物材料等领域进行研究，寻求机会将这些进步转移到无人系统武器上，形成新型高能材料，用于在空中燃烧毁伤生物和化学武器。

在军事应用领域上，纳米级高能材料将显示出广阔的应用前景。纳米粒子具有更大的表面积，当其制成推进剂或炸药时，与其他化学物质的接触面积大大增加。更大的表面积将导致更快的反应速率和更强大的爆炸，可能会在摧毁生物化学武器中发挥重要作用。通过纳米尺度研究，武器设计者还可以通过改变纳米粒子的尺寸来控制能量的释放速率，也就是说设计者可以为每次作战定制炸药。例如在无人机携带的拦截武器爆炸物中使用铝纳米颗粒，当纳米铝粉被添加到爆炸物中，拦截武器可以做得更小，更具爆炸力并形成高温燃烧区。研究人员正在开发技术，有助于武器制造商使用溶剂将更多数量的纳米铝粉添加到爆炸物中。

第7章　国土安全空间塑造过程中的力量体系

如前所述，本书中关于国土核生化安全空间塑造领域的阐述，采取突出重点、牵引全局的方式，有选择性地从国家、国土角度出发阐述主要问题和主要观点，从而为将来更加系统和完整性研究奠定良好基础。因此国土核生化安全空间塑造过程中所需的力量体系阐述，以国内地方核生化防护力量和国外相关防护力量体系为主。

7.1　美国联邦应急力量

美国联邦应急管理局下设10个联邦应急管理局区域办事处，每个区域办事处均设有区域CBRN协调员。在化生放核应急准备活动和事件响应期间，区域CBRN协调员负责向美国各州和各级单位传递信息并进行指导，协调美国区域一级的应急力量和行动，并服务或支持美国联邦应急管理局总部与CBRN相关的活动。

在行政事务方面，区域CBRN协调员负责行政职责，指导CBRN应急准备和事件响应，并使之符合联邦应急管理局规定的程序和政策。在事件准备方面，区域CBRN协调员与美国联邦准备协调员合作，其任务是在每个区域内实现美国CBRN应急准备的目标，确定并满足区域CBRN准备需求，评估和建立区域CBRN应急能力，并建立区域

第 7 章　国土安全空间塑造过程中的力量体系

CBRN 应急伙伴关系网络。在事件响应方面，区域 CBRN 协调员与联邦应急管理局以及主要的国家政府部门、州政府、各级单位、私营企业进行协调，以支持与 CBRN 威胁相关的区域应急响应。

为了与我国地方核生化应急力量编组展开对照，本书列出美国国民警卫队核生化应急救援的力量编组，可形成借鉴参考。目前美国国民警卫队共有 57 支排级核生化救灾队（以下简称救灾队），具有较完善的核生化重大应急能力。每支救灾队由来自陆军和空军国民警卫队的 22 名具有多种专业的人员组成。救灾队的功能分组包括调查、行动、通信、医学、科学和洗消。调查组负责实施化生放核爆的监测、环境采样和有限的临时救援。行动组负责指挥、控制、计算机、通信（C^4），包括掌握人群和关键设施信息、建立下风向危害模型、实施天气监测、服务国家气象中心的现场咨询、进行危害预测和评价、地理信息系统分析、航拍和卫星照片接收、现场计划与资源协同。通信组要为现场提供可靠的语音、图像和网络传输能力，提供可交互态势图。医学组包括医师、助理、联络官，对伤员治疗提供建议、协调医学支援、技术参考、医学监督工作。科学组包括核生化科学，可以对核生化事件进行基于实验室的现场推定分析。洗消组包括 2 名技术洗消专家，具备核生化应急洗消能力。

每支救灾队的装备包括防护、侦检、建模分析、指挥通信、实验室分析等。车辆包括指挥车、作业车、通信车、实验分析系统车。每队都有两个大型设备，一是移动分析实验室，用于化学或生物现场分析，分析实验室系统有气相色谱或质谱联用仪、伽马能谱仪、隔离和样品准备手套箱、快速聚合酶链式反应热循环仪、傅里叶变换红外光谱仪、具有荧光功能的偏振光显微镜、热红外成像集成显微镜以及微生物分析作业箱。二是指挥套件，能够通过多路系统为现场提供通信服务。在地理信息系统分析基础上，救灾队安排在最接近人口最多的地方，将响应时间最小化，并减少与其他团队职责范围的重叠，从而为全国提供最佳的响应覆盖范围。救灾队全天候 24h 待命，第一梯队受领任务后 30min 内完成出动准备。在 400km 范围内指挥车、卫星通信车、移动分析实验室公路机动,超过400km空运机动。出动的"斯特赖克"防化侦察车和重型"悍马"防化侦察车由战略运输机(400km以外)或重型直升机(400km以内)空运机动。

7.2 国内地方核生化防护体系

实现国土核生化安全空间的塑造,国家和地方核生化防护体系(以下简称地方防护体系)与军队防护体系是互相支撑、互相补充和互相协作的两大支柱。其中地方防护体系以国家法律法规为指南,以国家级指挥机构为中枢,自上而下逐级展开,形成合力。

7.2.1 地方核生化防护体系的力量

国家核生化应急体系,是国家为应对核生化事故和其他各类突发事件而建立的指挥、技术支持、救援等各方面于一体的应急准备系统。近年来基于对国外核化工业事故的经验教训总结,以及我国化工应急救援行动、抗击SARS、新冠疫情行动的开展和经验的积累,我国逐步建立健全了核应急的综合体系。主要有以下5个体系:

(1)法规制度体系。在核领域,我国基本形成了国家法律、行政法规、部门规章、国家和行业标准、管理导则于一体的核生化应急工作法律法规标准体系。

(2)应急预案体系。在核领域,初步形成了包括《国家核应急预案》、省(区、市)核应急预案、核设施营运单位应急预案,以及每个层级的相关部门应急预案于一体的全国核应急预案体系。在生物领域,我国形成了《突发公共卫生事件应急预案》、省(区、市)突发公共卫生事件应急预案,以及每个层级的相关部门应急预案于一体的全国生物应急预案体系。在化学领域,我国也形成了类似的应急预案体系。

第7章 国土安全空间塑造过程中的力量体系

（3）组织指挥体系。建立了国家、省级、核化设施营运单位三级核应急响应（指挥）中心，实现互联互通，确保核化事故应急处置工作有序实施。建立了国家、省级、地市三级突发公共卫生事件应急响应（指挥）中心。

（4）技术支持体系。建立了辐射监测、辐射防护、航空监测、海洋辐射监测、大气生物监测与化学检测、医学救援、气象监测预报、辅助决策、响应行动等国家级核生化应急专业技术支持中心，同时建立国家级核生化应急培训基地，基本形成了专业齐全、功能完备、运转高效的核生化应急技术支持和培训体系。各相关省（区、市）和核化设施营运单位，也都建立了相应的技术支持体系。

（5）救援处置体系。国家高度重视核生化应急救援处置能力建设，目前已建立320人的中国核事故应急救援队。该救援队主要承担复杂条件下重特大核事故突击抢险和紧急处置任务，并可参与国际核应急救援行动。同时，适应核电站和化工园区建设布局需要，按照区域部署、模块设置、专业配套的原则，建设了数十支国家级专业救援分队，具体承担核化事故应急处置各类专业救援任务。生物应急响应的主要力量由地方各级卫生防疫部门和医院承担。

7.2.2 地方核生化防护体系的编组

按照积极兼容原则，围绕各自职责，我国各级政府有关部门依据各类核生化应急预案明确的任务，分别建立并加强可服务保障于核生化应急的防护体系力量编组。在国家核生化应急体制机制框架下，各级各类核生化应急力量统一调配、联动使用，共同承担核事故应急处置任务。在国家指挥中心的统一指挥调度下，省（区、市）核生化应急指挥中心与本级行政区域内核设施实现互联互通。在力量编组上主要包括核生化应急指挥中心、应急辐射监测网、大气环境监测网、生物疫情监测网、气象监测网、医学救治网、洗消点、撤离道路、撤离人员安置点等，以及一批专业技术支持能力和救援分队，基本能满足本区域核生化应急准备与响应需要。按照国家要求，参照国际标准，在装备上配齐应急通信设施、应急监测和后果评价设施；配备应对处置紧急情况的应急电源等急需装备、设备和仪器，各应急救援力量之间建立相互支援合作机制，形成应急资源储备和调配等支援能力，实现优势互补、相互协调。

1. 处置核与辐射事故以及恐怖事件时的编组

处置核与辐射事故及恐怖事件行动是为控制和减轻在生产、运输、使用等环节上，因操作不当或其他意外因素造成的核设施爆炸、泄漏或燃烧等形成的核辐射与沾染后果而采取的应急行动，另外也包括使用放射性物质进行恐怖袭击行动。可编成指挥组、侦测队、洗消队、沾染检查队和防化预备队。具体部署如下。

（1）指挥组：由指挥与通信车辆组成。主要负责对应急救援分队处置核与辐射事故行动的组织指挥。

（2）侦测队：由侦察力量和化验力量编成，视情编组若干侦察组和监测组。主要任务是：查明事故造成放射性沾染的范围、性质和程度，污染滞留及变化情况。

（3）沾染检查队：由辐射沾染检查人员及相应装备编成，视情编组若干沾染检查组。负责鉴定识别与检查撤离人员、车辆的受染情况，监督照射量。

（4）洗消队：由喷洒车和淋浴车编成。主要负责对受染人员、车辆、装备、物资器材进行洗消，消除人员、地面及各种物体沾染的放射性物质或减轻其沾染程度。

（5）预备队：由侦测力量车和洗消力量混合编成。主要负责接替、换班作业人员，应付其他应急性任务。

2. 处置生物事故与疫情行动时的编组

处置生物事故与疫情行动是为控制和减轻因操作不当或其他意外因素造成的生物设施泄漏和重大传染病扩散等形成的生物污染后果而

第 7 章　国土安全空间塑造过程中的力量体系

采取的应急行动。处置生物事故与疫情，通常按照应急预案，使用侦、消力量编成生物事故救援应急分队参加应急救援，其兵力通常作"两组三队"应急编组。

（1）指挥组：由指挥车和通信车组成。在现场救援指挥所的统一指挥下，指挥协调各救援分队的行动。

（2）防护指导组：指导人民群众做好生物防护。

（3）侦测队：由生物侦察人员与装备组成。查明生物事故污染范围，确定污染区污染等级及其边界。

（4）洗消队：由喷洒车、淋浴车组成。对人员、装备、设施与环境等实施消毒灭菌。

（5）封控队：对生物事故现场封锁隔离。

3. 处置化学事故与恐怖袭击时的编组

处置化学事故与恐怖袭击行动是为控制和减轻在生产、运输、使用等环节上，因操作不当或其他意外因素造成的化学设施爆炸、泄漏或燃烧等形成的化学污染后果而采取的应急行动，另外也包括使用有毒有害化学物质进行恐怖袭击行动。处置化学事故与化学恐怖袭击，通常按照应急预案，使用侦、消、验力量编成化学事故救援应急分队参加应急救援，其兵力通常作"三组三队"应急编组。

（1）指挥组：由指挥车和通信车组成。在现场救援指挥所的统一指挥下，指挥协调各救援分队的行动。

（2）毒源控制组：由化学侦察力量和化验力量组成。寻找毒源，采取相应措施封堵或转移毒源。

（3）监测组：由化学监测力量组成。开设监测哨，监测有毒有害物质的扩散和浓度分布情况。

（4）侦测队：由化学侦测力量组成。查明染毒情况，确定受染边界，标志受染区域。

（5）洗消队：由喷洒车和淋浴车组成。对人员、装备、设施与环境等实施消毒。

（6）警戒救护队：封控现场，指导毒区或周围群众疏散和防护，维持现场救援秩序。

7.2.3　国内地方核生化应急体系力量建设存在的主要问题

从国家层面看，过去二十多年来，我国对核生化应急管理体系建设十分重视，从体制改革、法律法规、科技创新、条件建设等方面做了体系化设计和历史性投入，构建了核生化预警监测实验室网络体系和一批技术平台，在侦察、监测、鉴定、灾害后果消除、救治与疫苗制备等方面取得了长足进步。

但值得注意的是，我国在安全理论体系、威胁感知能力、监测预警体系、应急处置装备与尖端科技支撑等方面仍存在不少短板弱项。从与美国国民警卫队的力量编组对照来看，尚存在一定的差距。一是研究投入不足。二是高端人才匮乏短缺。三是技术总体处于"跟跑"阶段。四是企业创新能力弱。

近年来在抗击新冠疫情斗争中，我国积累了丰富的应急救援经验，发展了众多新技术新装备，可以预计随着我国综合国力特别是科技实力与经济实力的增长，未来我国地方核生化应急救援体制与机制将日臻完善并达到世界领先水平。

第 8 章 国土核生化安全空间塑造过程中的指挥体系

与力量体系相似，国土核生化安全空间塑造过程中的指挥体系同样分为地方和军队两类。在应急救援或战时，基于国家统一指挥和信息链路的贯通，这两类体系将形成一定的交叉融合。

8.1 美国核生化应急指挥控制

美国联邦调查局是应对美国境内的恐怖主义行为、恐怖主义威胁和情报收集活动的主要政府机构。美国联邦调查局的指挥中心或由其领导的联合行动中心管理调查和情报活动，同时负责与美国州政府和各级单位执法机构的协调。在可能涉及大规模杀伤性武器或 CBRN 的恐怖主义威胁或事件中，美国联邦调查局指挥中心将部分职能合并到联合行动办公室，并且可以临时纳入第四个职能机构，即后果管理小组，具体见图 8-1。

当美国国土安全部长与司法部长认为 CBRN 事件已经成为国家重大事件并建立联合现场办公室时，联合行动办公室将成为联合现场办公室的一部分。联合行动办公室作为跨区域和跨机构的指挥和控制中心，用于管理多个机构对恐怖威胁和突发事件做出应对。根据美国国家应急事件管理确立的基本原则，联合行动办公室具有模块化组合与可扩展特性，可应对各类包括恐怖袭击在内的各种突发事件威胁。

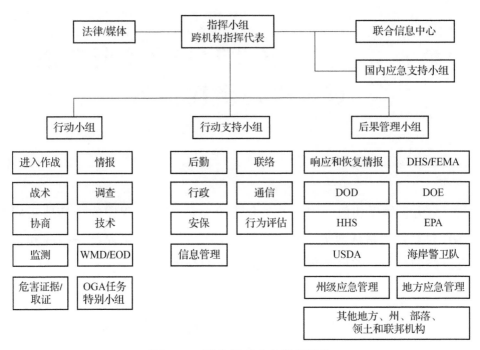

图 8-1 联合行动中心指挥结构

8.1.1 指挥小组

美国联邦调查局设立的指挥小组执行危机管控的具体任务，指挥小组成员包括特别行动署署长、特别行动署署长助理和危机管理协调员。特别行动署署长负责制定危机管控的总体战略，并与其他部门领导者和联邦调查局总部协调危机管控总体战略的执行。特别行动署署长还负责在美国境内危机管控期间的联合执法活动的协调。危机管理协调员确保特别行动署署长的战略传达至联合行动办公室中的所有人，确保联合行动办公室配备足够的人员和装备以有效实施特别行动署署长的战略部署，还确保信息在联合行动办公室内部以及跨机构部门之间的有效传递和共享。

第8章 国土核生化安全空间塑造过程中的指挥体系

根据威胁或事件的实际情况，联合行动办公室指挥小组包括来自美国政府机关、州政府机关和其他各级单位的官员。执法调查和情报策略、行动步骤由联合行动办公室指挥小组共同确定，另外由3个专门的小组直接向指挥小组提供决策咨询服务。这3个小组包括战略法律小组、联合信息中心小组和美国国内应急支持小组。上述小组成员都是由来自美国联邦调查局、国防人工情报局、联邦应急管理局、国防部、能源部、卫生和公众服务部及环保署的领域专家组成，为特别行动署署长提供关于大规模杀伤性武器威胁和CBRN突发事件的信息服务和决策支持。

8.1.2 行动小组

行动小组承担与大规模杀伤性武器威胁、CBRN突发事件相关的所有调查、情报分析和作战应急行动职能，通常由信息接收部门、情报部门、调查部门和现场作战部门组成。

1. 信息接收部门

信息接收部门是接收进入联合行动办公室的所有信息的枢纽。信息接收的目的是对与大规模杀伤性武器威胁、CBRN突发事件相关的电话、电子邮件、传真报告和其他传入信息进行评估。检查信息以前是否已经报告过，确定信息的重要程度和信息等级，并将信息输入信息管理系统。通过上述信息接收部门的信息过滤机制，确保只有相关信息和即时信息被传递给联合行动办公室。

2. 情报部门

情报部门负责管理与大规模杀伤性武器威胁、CBRN突发事件相关情报的汇总、分析、归档与传递。它将各种来源的历史情报与大规模杀伤性武器威胁、CBRN突发事件相关的新情报融合在一起。情报部门还向联合行动办公室所有部门、联邦调查局总部战略信息和行动中心以及联合现场办公室协调小组传递情报产品和情况报告。上述信息与美国国防人工情报局国土安全行动中心、美国国家反恐中心以及其他政府机构共享。

3. 调查部门

调查部门由具有特定管辖权机构的调查人员组成,对与大规模杀伤性武器威胁、CBRN突发事件相关的所有调查活动提供监督和指导。调查部门通过监督指导信息收集和管理的规则、标准、方法、流程来实施特别行动署署长的战略。同时也负责调查与大规模杀伤性武器威胁、CBRN突发事件相关的犯罪活动。

4. 现场作战部门

现场作战部门根据大规模杀伤性武器威胁、CBRN突发事件的具体应对需要展开行动,主要工作人员是专业技术领域的专家。现场作战部门协调员负责确保协调各部门的活动,服从并支持特别行动署署长战略计划的落实。现场作战部门包括应对大规模杀伤性武器威胁和CBRN突发事件的证据搜集、行动、谈判、监视、技术等专业领域的成员,任务是向特别行动署署长提供及时有效的信息和专业支撑,以处理大规模杀伤性武器威胁和CBRN突发事件。联合行动办公室和危机现场之间通过现场作战部门传递信息,确保联合行动办公室决策者和相关技术领域专家能够保持全面的态势感知。

美国政府、州和各级单位专业执法部门,在大规模杀伤性武器威胁和CBRN突发事件期间协助现场行动,通过联合行动办公室与联邦调查局现场行动部门协调其活动。

8.1.3 行动支持小组

根据应对大规模杀伤性武器威胁和CBRN突发事件的具体需求,由联合行动办公室指定行动支持小组的组成单位,该小组的参与人员是专业技术领域的专家。行动支持小组的行动协调员负责确保该小组的活动服从并支撑特别行动署署长战略计划的落实。行动支持小组负责行政、物流、法律、媒体、联络、通信和信息管理,同时也支持联合行动办公室的调查、情报和作战职能。

8.1.4 后果管理小组

联合行动办公室后果管理小组由提供专门知识的代表组成。联合行动办公室通常不承担后果管理小组的领导职能,而是由一名国防人工情报局代表协调联合行动办公室后果管理小组的行动,并在必要时加快推进相应的响应行动。联邦调查局和国防人工情报局的代表为后果管理小组筛选威胁/事件情报。联合行动办公室后果管理小组的代表负责监督执法部门的刑事调查,并就公共基础设施或关键基础设施的安保决策提供建议。如果大规模杀伤性武器威胁和 CBRN 突发事件迫在眉睫,联合行动办公室后果管理小组可向美国区域响应协调中心主任提出建议,以便根据相关法律启动一定的行动预案。

例如,在大规模杀伤性武器威胁和 CBRN 突发事件发生期间,美国国防部通过国防部副部长协调司法部长,将国防部协助执法和刑事调查需求传递给国防部长。一旦国防部长批准了该需求,将直接或通过参谋长联席会议主席给有关单位下达协助行动命令。

8.2 国内地方核生化防护指挥体系

我国的国家核生化应急管理体制可概括为一个体系包含的军队和地方两个系统。就地方系统而言,在国务院领导下,实行国家、省(区、市)、核化设施营运单位及地市生物防疫部门三级管理机制。在核领域,国家组织由国防科工局牵头,公安部、民政部等数十个单位组成核事故应急协调委员会。必要时,国务院成立国家核事故应急指挥部，统一领导、组织协调全国的核事故应对工作。在生物领域，国家组织的牵头单位为国家卫健委；在化学领域，国家组织的牵头单位为应急管理部。

8.2.1　地方核生化防护指挥体系的工作职责

我国核生化应急实行国家统一领导、综合协调、分级负责、属地管理为主的管理体制。全国核生化应急管理工作由中央政府指定部门牵头负责。核化工业设施所在地的省（区、市）人民政府指定部门负责本行政区域内的核化应急管理工作，本行政区域内的卫健委和生物防疫部门负责生物应急管理工作。国家层面的主要职责是：贯彻国家核生化应急工作方针，拟定国家核生化应急工作政策，统一协调全国核生化应急工作，决策、组织、指挥应急支援响应行动。同时承担国家与相关省（区、市）核生化应急协调的日常工作。国家和各相关省（区、市），以及核化设施营运单位和卫健委、生物防疫部门建立专家委员会或支撑机构，为核生化应急准备与响应提供决策咨询和建议。

8.2.2　地方核生化防护指挥体系的指挥平台

核生化应急响应有不同于其他灾害响应的很多特点，尤其是在所涉及的专业信息方面，例如可能涉及核设施、放射性物质的特性、生物化学有毒有害物质特性、气象因素、放射性监测、辐射防护、生物监测、化学毒害物质检测和医疗救治等方面的信息，因而对应的核生化应急响应指挥平台的综合集成度需求很高。

一方面，核生化应急响应指挥平台的设计与开发过程必须要有各个专业的人员参与、审查、评价。该平台要对收集到的数据及时整理、分析、统计、评价，提供相关的事故后果、应急措施、队伍、装备、物资、专家、技术等信息，为指挥决策提供快捷、有效的支持。另一方面，核生化应急软件平台的用户对象主要是核生化应急管理人员，

第 8 章　国土核生化安全空间塑造过程中的指挥体系

所需要的信息应更生动、更便于理解。例如趋势线、统计图（表）、剂量分布图及地理环境图等，这些图表的生成绘制过程同样需要相应专业人员的参与。

自动化核生化应急响应中心是应急响应过程数据与信息的一个主要节点，需要收集和输出的信息量十分巨大，受应急组织的人力有限、响应时间紧张等因素的影响，处理实际响应过程中的信息（通常是以文件的形式反映出来）的工作任务就显得十分紧张繁重。例如省应急管理部门或者核电厂营运单位应急组织按规定提交的报告中包含了事故机组、应急等级、释放源项、气象、辐射监测、防护行动等内容，这些信息是参与响应行动的不同单位或部门所需的。应急等级和防护行动等可能需要提交给决策者（应急指挥或协调委领导）使用，而释放源项和气象数据可能需要提交专家组使用，所以必须根据完成所需的输出内容（报告、报表等）来安排所需的软件功能。软件平台应尽可能代替人工完成数据接收、整理入库、检索数据、绘图并自动生成相应报告等事项。同时具备自动接收事故报警信息、自动向有关方面传输等功能。信息完备化决策的基础是信息，决策的准确程度依赖于信息的完备。软件平台数据库应基于这种思想进行设计，而是否完备的评价标准在于是否在应急响应过程中方便地获得所需的数据。例如，在选派应急支援力量的过程中，如果不能从软件平台中方便地查询到所具有的支援力量的实际数据，就不能说该软件平台的信息是完备的。在核应急软件平台的实际开发和使用过程中，数据的收集整理、及时更新是一项重要且工作量很大的任务，应引起高度重视。例如应急队伍的人员、设施、装备、物资以及专家等资源数据，还包括这些资源的地点、数量、特征、性能、状态等信息，以及信息的更新。信息的完备往往也依赖于信息共享程度和数据的实时传输能力，应建立统一数据交换平台，实现事故相关信息在各个应急相关部门与组织之间的信息资源共享、数据和信息的实时传输。

目前此类软件平台已经基本完成了建设目标，实现了与主要核电厂之间的电站运行状况、室外探测点及气象观测点实时数据传输及屏幕输出，实现了事故后果评价。结果显示，此类平台具备通过地理信息系统了解核电站周围相关信息的功能，可以显示核电站附近的气象参数与核电站相关运行参数。同时，也完成了主要数据库的建立和重要基础信息的入库、处理等工作。

1. 基础数据

应急响应的分析与决策者需要了解的信息来自于这个区域内的放射性物质浓度分布图、剂量分布、人口、地形、气象、交通、应急设施、食品与饮用水等数据或其综合加工后的信息。具体包括核生化危险源、应急救援力量、应急救援设施、物资、避难场所、重点保护对象、气象数据、核生化扩散监测数据和基础地理信息数据等。

2. 软件功能

软件具有以下功能：

（1）应急资源管理。包括危险源、应急救援力量、应急救援设施、物资、避难场所、重点保护对象、气象数据、核生化扩散监测数据，以及基础地理信息数据等。另外还包括危险源头数据资料库、沾染区和污染区周围人口及地理数据资料库、可动员医学救援力量数据资料库、各类疾病数据资料库、应急组织及有关文件资料库等，为应急医学救援提供资料检索、数据基础。

（2）核生化事故与事件报警。

（3）实时监控。即实时监控危险源头的量和比例。

（4）扩散模拟。事故状态及其发展信息的显示、分析与查询、可视化扩散的情况。

（5）剂量计算。剂量估算软件包括外照射剂量估算系统、中子外照射剂量估算系统、生物剂量估算系统、化学剂量估算系统、放射性内污染剂量估算系统和皮肤剂量估算系统，可用于估算辐射受照人员的受照剂量，为辐射受照人员的医学处理和核应急医学响应提供技术支持。

第 8 章 国土核生化安全空间塑造过程中的指挥体系

（6）事故预测分析。预测可能受到污染的地区和主要对象，提取重点保护对象和需要撤离的危险源。

（7）指挥调度。防护行动决策及其实施相关信息的显示、分析与查询，应急救援物资和力量的调度（人员的救援、疏散和防护），为核应急决策指挥管理提供技术支持。

（8）生成指令、报告与文件。利用软件实现应急响应工作文件（包括报表、通知和指令）的自动生成，从而取代请示、报告、建议及拟发布的命令、通知、报告等常用纸质文件。

（9）灾害评估。评估灾害带来的各方面的损失。

（10）信息发布。向公众发布短信、通知等。

3. 硬件平台

硬件平台包括建立通信系统、显示会议控制系统、计算机网络系统和安全保密系统等部分。其功能参照现代化指挥系统进行设计，即参照 C4I 的指挥、通信、控制、计算机、信息与图像模式。各部分均围绕数据信息收集、利用进行应急技术支持。

（1）通信。包括语音通信系统、数据通信系统和值班通信系统等，具备通信群发功能和外来信号自动报警通知功能等，并能自动记录值班情况。

（2）会议。包括大屏幕投影显示系统、视频会议系统和电视接收系统等。通过显示会议系统可召开多方紧急电话会议和远程视频会议，整个系统通过语音、图像、计算机数据的采集、存储、录制等辅助手段，经过主控机房的多媒体矩阵，实现各会议室之间信号的混合传输处理。

（3）计算机网络。包括专网、内部局域网和互联网等，实行物理隔离，专网与互联网也实行物理隔离，专网通过网络安全系统可与内部局域网进行信息交流。

（4）安全保密。包括入侵检测系统、网络实时监控系统、防病毒系统和安全管理服务器等。

4. 核生化应急响应系统建设原则

核生化应急响应系统建设应遵循可靠实用、积极兼容、技术先进、规范合理的总原则。系统在具有可靠性、先进性、实用性、规范性、开放性的同时，具有良好的升级、扩展能力，并在系统设备选型符合要求的前提下，综合考虑性能指标和规格统一性及系统性能价格比，尽可能节约资金投入。其具体原则为：

（1）实用可靠。核生化应急响应系统是保障核生化应急救援响应的重要基础设施，必须满足突发情况下能可靠使用。

（2）积极兼容。为了有效发挥核生化应急响应的作用，该系统建设应符合积极兼容的原则。除在核生化事故时使用外，平时还可应用于应急人员培训、核生化应急演习、国际交流与合作、信息发布、数据库应用、应急值班、多方电话和电视会议。

（3）兼顾先进性、实用性和可扩充性。充分借鉴、利用国内已有的成功经验，选择先进、实用的软件及硬件设备集成为先进的整体系统，使整体水平达到国内先进水平，并保证今后几年内不落后。

（4）系统的规范或标准。依据或参照国家标准和规定，确定本系统硬件建设以及地理背景图形的显示方式及数据编码体系。图形数据库和属性数据库建设要依据或参照国家标准和规定，确定数据源采集操作规程、图形数字化与编辑处理操作规程、属性数据的录入处理规程、数据精度检查与质量控制规程、数据库更新周期与方法等，实现图形数据、属性数据一体化管理。

第9章 国土核生化安全空间塑造过程中的行动体系

国土核生化安全空间塑造行动要求能够查明和正确分析判断核生化威胁情况，适时做好防护准备；能够灵活运用战术技术措施，严密组织防护；能够组织各种力量消除遭袭后果，减轻或者避免核生化武器袭击和次生核化危害造成的损伤。

9.1 美国核生化应急行动体系

9.1.1 概况

美国认为CBRN威胁的多样性和复杂性对CBRN威胁态势感知提出了新的挑战。为此，美国积极探索能够早期发现和感知CBRN的新技术路径，发展实时掌控重点地区乃至美国全境CBRN威胁态势的能力。为了有效应对生物和化学恐怖的威胁，美国政府制定了多项防御计划。如前所述，美国国防高级研究计划局先后启动SIGMA、SIGMA+和PREEMPT等项目，为CBRN提供早期预警。美国建立运行了多层次、多部门、多功能、全国性的高度网络化的生物和化学威胁实验室响应网络，以提供对生物和化学威胁的快速响应，告知有关公共卫生和安全的关键决策。美国部署的"生物预警与监测"计划可以为美国30多个主要大城市地区的生物恐怖袭击提供预警服务，以支撑决策者计划并有效、协调和快速地进行应急响应。"生物预警与监测"拥有美国庞大的公共卫生、应急管理、执法机构、实验室、科学和环境卫生组织等相关网络，可提供空气监测、分析、报警和风险评估等各种服务。

9.1.2 事件响应阶段

美国根据事件的大小、范围和复杂程度，对事件的处置有所不同，在"联邦机构 CBRN 应急行动计划"中将事件响应划分为 3 个阶段和 7 个子阶段，以实现事件的响应和安全恢复目标，如图 9-1 所示。事件应急响应和安全恢复活动是相互依存的，而且通常是同时发生的。在这一过程中，早期响应做出的决定和确定的优先行动事项，将对安全恢复的速度和结果产生深远影响。

第1阶段			第2阶段			第3阶段
事件前			响应			持续行动
1a	1b	1c	2a	2b	2c	3a
正常运行	可能性增加或升高的威胁	可信的威胁	激活、态势感知、行动	资源部署和稳定	过渡期的行动	长期的恢复行动

图 9-1　事件应急响应的行动阶段

在第 1 阶段（事故前），美国政府、州政府和各级单位首先要确定现有的资源和后勤保障能力，制定严格规范的计划和程序，并进行培训和演习以验证各种预案。此外，还必须进行连续性规划和操作准备，以提升所有在紧急危险的情况下以及可能破坏正常运作的情况下履行应急响应的核心能力。第 1 阶段由 3 个子阶段组成，范围从平时的安全状态到事件发生前的资源定位。第 1 阶段采取的行动主要集中在思想准备、情报准备、危局预判和预案准备方面。在这一阶段中，可能会出现升高的威胁（第 1b 阶段）和可信威胁（第 1c 阶段），对此需要采取相应的行动。第 2 阶段（响应）包括立即响应、部署资源和人员以及持续的响应行动。第 3 阶段是指作为响应任务的一部分进行的安

第9章 国土核生化安全空间塑造过程中的行动体系

全恢复活动，以实现向安全状态的过渡和支持。第3a阶段包括短期安全恢复行动（如重新安置受影响地区的居民）和长期安全恢复行动（如最终过渡到正常生活状态的活动）。

美国认为在应急响应的全程要通过主动和被动监视和搜索程序，识别、发现或定位CBRN恐怖主义威胁，这一过程中需要进行系统性检查和评估、生物监视、运用传感技术手段或实地实物调查。这些措施是持续的，可以是针对潜在目标、可利用的载体或可使用的武器类型等各种预警情报而采取的措施，也可以采取措施来验证已经找到的材料或武器的威胁。在威胁情报有限或没有情报的情况下，可以进行搜索和探测行动，并对搜索和探测资源进行优先排序，并对未来行动执行阶段可能采取的举措做好准备。

9.2 核生化突发事件处置流程

9.2.1 核/放射突发事件处置流程

美国联邦放射性准备协调委员会由20个联邦部门、机构和办公室组成，共同确保美国为涉及核或放射性物质（包括恐怖主义行为）的放射性事件做好准备。联邦放射预防准备协调委员会是制定和协调放射预防和准备政策及程序的国家一级机构，由联邦应急管理局担任主席，为美国联邦放射性响应和恢复任务区的活动提供政策指导，以支持州和地方政府的放射性应急规划和准备活动。

随着事件规模、范围和复杂性的变化，美国将调整应急反应的程度和水平以适应越来越多参与单位的协调要求。然而，当有关恐怖主义犯罪已经发生或被怀疑已经发生时，美国联邦调查局将建立联邦调查局指挥所或联合行动办公室，以便开展管理、调查、领导和协调等执法响应。

1. 主要负责机构

核/放射设施或材料的所有者或运营者（如美国能源部、国防部、核监管委员会（NRC）被许可方等）主要负责事故的后果处理，向州政府和各级单位提供信息和适当的行动措施建议，尽量减少辐射对应急救援人员、公众以及环境的影响。对于涉及核/放射性固定设施的事件，所有者或运营方主要负责设施范围内的后果管理行动，并根据美国法律的相关规定负责设施范围以外的响应和恢复活动。在应急事件可能发生或已经发生后，美国政府、州政府、各级单位以及核/放射性设施的所有者或运营者应通过规定程序请求援助。如果需要通知主要权力机关，可以直接向美国联邦应急管理局等美国政府机构或相关的州政府请求援助。如果发生涉及恐怖分子使用化生放核危险材料事件，美国政府将通过美国国防人工情报局和联邦应急管理局采取应急反应和安全恢复行动。

在应对核/放射事件中，具有主要责任和权力的美国政府以及相关机构包括美国国防部、美国能源部、美国国土安全部、美国境内核探测办公室、美国联邦应急管理局、美国海关和边境保护局（CBP）、美国海岸警卫队、美国司法部或联邦调查局、美国国务院、美国环境保护署、美国国家航空航天局以及核监管委员会。

美国国土安全部部长是负责美国境内相关事件管理的主要官员。根据美国2002年通过的《国土安全法案》，美国国土安全部部长负责协调美国境内的准备活动和行动，以应对恐怖袭击、重大灾难和其他紧急情况，并尽快推进安全恢复。美国联邦应急管理局局长是美国总统、国土安全部部长和国家安全委员会在紧急情况管理方面的主要顾问。美国联邦应急管理局的职责包括国家响应协调中心的运作，所有应急和安全恢复工作的有效准备、协调、开展和保护。

美国国防部和美国能源部主要负责协调涉及各自保管的核武器、特殊核材料的放射性事件应急行动。国防部或能源部负责减轻事件的后果，向州政府和地方各级单位提供信息和适当的行动建议，并尽量

第 9 章 国土核生化安全空间塑造过程中的行动体系

减少对公众的辐射危害。如果国防部负责的这些事件需要整合美国多个部门协作，国防部将在国家响应框架下，根据国家事故管理系统的功能，与国家应急计划中包括的所有机构进行协调。

对于涉及美国国防部保管的核武器、特殊核材料或机密部件的放射性事件，国防部可以建立一个防御区域。该防御区的范围可以涉及美国领土全境，目的是保护机密国防信息或保护国防部的装备和材料。只要发生紧急事件，建立的防御区可以确保临时将危险地区置于国防部的有效控制之下。此外国防部也负责协调涉及与美国国防部相关的太空飞行器释放核/放射性物质的事件。

对于涉及美国能源部保管的核武器、特殊核材料或机密部件的放射性事件，能源部也可以根据适当的法律，建立国家安全区。该安全区的范围可以涉及美国领土全境，目的是保护机密国防信息或保护能源部的设备或材料。只要发生紧急事件，建立的安全区可以确保临时将危险地区置于能源部的有效控制之下。能源部还与美国政府其他部门和州政府合作，提供人员和设备来进行放射性监测，以支持应急反应活动，拯救治疗放射性受伤或污染人员，并对大气扩散后果进行建模。

美国联邦调查局主要通过其联合恐怖主义工作组采取行动，负责涉及恐怖主义在内的各种犯罪的调查活动。美国司法部部长通过与联邦调查局局长的协作，共同负责在美国全境寻找、发现及消除大规模杀伤性武器。美国联邦调查局现场指挥员负责领导和协调情况调查和行动的执法活动，以应对恐怖威胁或事件。美国联邦调查局现场指挥员具有在应急期间随时采取适当的执法行动的权力。联邦调查局的现场指挥员主要负责的工作还包括管控大规模杀伤性武器的犯罪现场、确保应急阶段美国公民的人身安全以及犯罪证据管理。美国联邦调查局要为其每个外派办公室指派一名处置大规模杀伤性武器的协调员。联邦调查局现场指挥员还领导由跨机构指挥小组支持的，具备跨机构调查和情报侦察职能的联合行动办公室。联邦调查局现场指挥员要在相应责任区域内建立联合行动办公室。指定联邦调查局代表作为联合行动办公室负责人，负责领导和协调所有执法和调查行动，以应对恐怖主义威胁或事件，并为后期的刑事起诉保存证据。

此外，美国农业部、美国商务部、美国国家海洋和国家气象局、美国陆军工兵部队、美国卫生与公众服务部、美国内政部、美国劳工部所属的职业安全与健康管理局、美国交通运输部、美国退伍军人事务部等联邦机构也为核/放射事件提供额外的支持。

2. 支持和协调机构

为了促进核/放射事件期间的各政府部门间协调和信息共享，美国还建立了若干支持和行动协调部门。

1）联邦放射学监测和评估中心

联邦放射学监测与评估中心负责协调美国境内所有的环境辐射监测、采样、评估以及核/放射事件响应的信息传播。联邦放射学监测与评估中心是美国能源部主要负责管理的跨部门机构，通常包括来自美国能源部、环境保护署、商务部、国家海洋局、国家气象局、国防部辐射评估小组和军队放射生物学研究等领域的专家、疾病预防控制中心和其他相关部门的代表。美国能源部领导联邦放射学监测与评估中心进行初始响应，当响应行为转向行动救援和安全恢复时，美国环保署也要加入对联邦放射学监测与评估中心的领导。联邦放射学监测与评估中心与联邦应急管理局等美国政府部门、州政府和各级单位的协调办公地点要建立在事故地点或附近。当联邦放射学监测与评估中心的主要领导权移交给美国环保署时，由环保署负责后续的协调辐射监测和评估工作。这种领导权移交基本发生在安全恢复阶段，也就是应急响应紧急行动已经基本完成，之后美国环保署将负责长期监测和评估。

2）机构间放射性空中监测的行动机制

该机制为所有核事件响应小组和所有空中行动提供一体化的协调支持程序，以便协调在后果管理响应和安全恢复行动中的放射学调查。该行动机制可以用于支持对一系列辐射灾难场景的反应，还可以有效

第9章 国土核生化安全空间塑造过程中的行动体系

促进美国政府、州政府和有能力提供空中资源的各级单位来协助放射学监测。

3）跨机构建模与大气评估中心

该中心负责对危险物质释放的空气传播研究、大气分散建模和危险预测进行跨机构协调和整合。这是通过美国国土安全部、商务部、国家海洋局、国家气象局、国防部、能源部、国土安全部、环保署、卫生与公众服务部以及核管理委员会之间的合作关系实现的。跨机构建模与大气评估中心向应急事故指挥部和国家高层提供关于大气有害物质浓度的预测结果。通过羽流建模分析，跨机构建模与大气评估中心向应急响应人员提供与大气释放相关的危险预测，并提供保护公众和环境的决策服务。

4）环境、食品和卫生咨询小组

该小组包括来自美国环保署、美国农业部、卫生和公众服务部、疾病预防控制中心和其他美国政府部门的代表。该咨询小组在联邦辐射准备协调委员会的支持下，就环境、食品、健康和动物健康问题向事故指挥部、联合行动办公室、统一协调小组、具有主要权力的美国政府部门、州政府和各级单位提出协调意见和建议。

5）核/放射事件特别工作组

该小组在美国国家响应协调中心内联席办公，提供标准化的核/放射学专业知识，以支持国家级事件的响应规划与整个行动核心能力的部署。该特别工作组根据事件的规模和类型可进行扩展。

6）统一协调小组

该小组由美国政府和州政府的高级领导人组成，在某些情况下还可以包括私营部门等各级单位。统一协调成员必须具有重要的职能、司法责任或行政权力。统一协调组的人员构成因事件的类型、范围和性质而不同。由于核事件和辐射事件的独特性质，必须周密考虑以确保所有适当机构均在统一协调小组中。

7）美国境内应急支持小组

该小组是专业的可快速部署的跨机构团队，属于美国联邦调查局联合行动办公室领导。作为联合行动任务的一部分，美国境内应急支持小组服务于联邦调查局现场指挥员，在应急任务的全程提供后果管理决策支持。该小组通过联合行动办公室应对大规模杀伤性武器工作平台与联合行动办公室后果管理组和后果管理协调组保持连接。美国境内应急支持小组为联邦调查局现场指挥员提供专家建议和指导，以制定行动方案并拯救生命和保护财产。团队组成包括来自美国联邦应急管理局、联邦调查局、国防部、能源部、环保署和其他合适的现有人员。根据威胁和应急需求，联邦调查局决定美国境内应急支持小组的组成，并在整个行动过程中始终保持对其行动的领导。

8）大规模杀伤性武器战略小组

当面对大规模杀伤性武器的恐怖威胁时，联邦调查局领导的大规模杀伤性武器战略小组将在战略信息和行动中心内开展工作。该小组支持信息交流和消除反恐活动的一切行动，以解决迫在眉睫的大规模杀伤性武器和恐怖主义威胁，同时协调在全美范围内挽救生命和保护财产。大规模杀伤性武器战略小组的工作状况以及工作成果有助于促进各级的反恐风险知情和行动决策。大规模杀伤性武器战略小组通过联合行动办公室与联邦调查局现场部门以及相关合作伙伴建立联系。

9）后果管理协调小组

该小组是美国联邦应急管理局开展后果管理的协调单位，也是大规模杀伤性武器战略小组咨询内部后果管理的主要单位，该小组根据应急行动进程，提供战略建议和综合行动方针。后果管理协调小组将业务协调和信息共享与国防人工情报局和政府部门的响应活动联系起来。后果管理协调单元由能源部、卫生与公众服务部、国防部和国防人工情报局提供技术能力支持。

10）核事件响应小组

虽然核事件反应小组是美国能源部和环保署所属应急响应人员和设备的总称，旨在提供对核事故或事件的快速响应能力。核事件响应小组的组成包括：执行核或辐射应急小组及支援装备、空中测量系统、事故响应小组、核/放射咨询小组、辐射应急救援中心、辐射应急救援

第9章 国土核生化安全空间塑造过程中的行动体系

培训地点、执行放射性援助计划的机构；机载光谱光度环境收集装备、移动环境响应实验室、样品制备实验室、固定和可部署监测器、国家分析辐射环境实验室和增强的辐射地面扫描系统。

3. 处置流程

1) 事件报警

核/放射性设施与材料的所有者、经营者、运输者通常是最早意识到事件危险的人，并有义务通知国家、地方政府以及各级相关单位。承担主要后果管理职责的机构应酌情向国土安全部国家行动中心和其他相关政府部门提供核/放射性事件的通知。意识到潜在的恐怖主义行为的机构应立即与其最近的联邦调查局联合恐怖主义特别工作组分享这些信息，以便消除威胁。执行应急响应任务的机构应与联邦调查局合作进行调查，优先考虑救生工作。此外，州和地方执法机构应就潜在的恐怖活动、事件、实例或调查迅速联系当地的联邦调查局联合恐怖主义特别工作组。

2) 启动应急计划

一旦得到通知，承担主要后果管理职责的机构将根据其权限启动结果管理响应。国防人工情报局将审查报警情况并根据相关法律确定由谁担任主要领导，全面协调后果管理和安全恢复。如果国防人工情报局不能确定由谁承担主要领导责任，承担主要后果管理职责的机构可要求联邦应急管理局根据相关法律，确定应急响应和安全恢复活动的领导机关。联邦应急管理局可以向政府部门发布任务分配计划，以支持应急响应和安全恢复活动。承担主要后果管理职责的机构还应在事件指挥部乃至国家高层指挥机构中派驻人员担任适当职位，协调辐射响应和安全恢复活动，并根据需要向事件指挥部乃至国家高层指挥机构随时提供人员。

3) 行动阶段

美国政府对蓄意的核/放射攻击的应急响应和安全恢复将从报警通知开始。其中美国政府最关注的是在主要城市地区发生的威力达到

10kt TNT 当量的核爆炸。尽管在和平时期援助资源的预先部署是不可能的，而且资源和资产需求的确切性质也不清楚。但是在这种情况下，需要美国政府立即提供援助。另外还有其他蓄意的核/放射事件，比如涉及爆炸性辐射分散装置的攻击、涉及辐射暴露装置的攻击、对核电站的敌对行动、攻击核材料运输、对核武器设施的攻击、使用被盗的核武器进行攻击等。

与蓄意的核/放射攻击有关的关键事项包括：辐射风险、庇护所就地信息传递、自净化、公共去污、并发的伤害、疏散通道和功能需要、废物管理、二次攻击威胁、即时的公共信息、在重灾区的行动、同时执行任务要求、支持部署的能力有限、响应者进入、国家资源、态势感知、辐射或核爆震系统的安全与健康、公私能力、源区域电磁脉冲、破坏的基础设施、通信基础设施的影响、大规模疏散所面临的挑战、社区接待中心、积极主动的响应、事故情况、公共信息、环境评估、公共卫生和医疗支持、生命必需品供应的挑战、执法以及安全的食物供应等。

美国国防人工情报局根据简易核装置预防战略确定的几项关键能力是应急响应和安全恢复的关键，包括管理响应、事件表征、大规模疏散、就地保护、医疗分流、提供伤员和疏散人员护理、稳定和控制受影响地区、进行现场恢复和重建等基本功能。

在应对蓄意的核/放射攻击爆炸时，必须立即优先解决自我去污问题，并向受影响人群发出就地避难的信息，以挽救生命。立即脱掉被污染的衣服、洗澡并待在室内等应急信息将在最初 24h 内对受影响人员的健康产生重要影响。即时反应行动必须侧重于传递就地避难的信息、传递自我去污的信息、确定有效运行的通信系统、与国家和地方官员协调信息传递。

一般来说，对蓄意的核/放射攻击的反应将导致紧急情况，非常考验国家和地方的能力，需要采取全员协调联动的方法。一次蓄意的核/放射攻击会导致大规模人员伤亡、高浓度的辐射、广泛的基础设施破坏、人员流离失所、交通堵塞和其他复杂问题。美国政府的应急响应

第9章 国土核生化安全空间塑造过程中的行动体系

必须尽快协调资源和团队以支持州和各级单位，如尽快开展事件研判、健康和安全信息发布、疏散过程通报、应对进展成果汇总、疏散行动、大规模伤员护理和病人疏散、搜索和救援行动、安全/执法行动、火灾控制、受污染的农业和动物控制等。

根据事件的大小、范围和复杂程度，对核/放射事件应急响应和安全恢复的操作阶段是不同的。

（1）第1a阶段（一般行动）。

第1a阶段的活动包括公共预防信息的传递、知识教育普及、一般响应意识的培养、应急响应人员的培训、识别与蓄意的核/放射攻击相关的危险迹象。美国联邦调查局和执法部门始终强调警惕辐射/核恐怖主义的威胁，并督促公共卫生部门和应急管理官员应与执法部门紧密合作，在发生蓄意的放射性/核事故时具备可部署资源和适当的应急能力。

（2）第1b阶段（已升高的威胁）和第1c阶段（确信的威胁）。

第1b和第1c阶段的活动包括利用放射性/核探测能力进行侦察、预防核报警，探测非法的放射性/核材料和大规模毁灭性放射性/核武器制造运输和使用的地点，并通过探测警报和研判来确定材料的性质。通过主动和被动监视及搜索程序发现和定位放射性/核威胁和危险。上述监视和搜索程序包括使用系统的检查和评估、传感器技术或物理调查和情报。由于恐怖主义威胁情报和信息共享涉及美国政府、州、私营部门、宗教组织和国际合作伙伴的参与，因此促进收集、分析和共享可疑活动报告以进一步识别和预防恐怖主义威胁至关重要。进入21世纪后，美国持续加强了对威胁和警报的态势感知，并酌情向国家、地方和私营部门、国际合作伙伴传递情报的风险评估和分析。

（3）第2a阶段（立即响应）。

此阶段从发现或报警突发事件开始。这一阶段主要是努力向公众提供准确可信的信息，以便提供避难所并避免大规模疏散行动。这个阶段涉及美国政府、州和各级单位所有的应急救援行动。此外，美国境内相应的执法和反恐行动也在积极进行。在美国政府高层，白宫通信主任有权使用公共卫生医疗、公共信息警告两项紧急通信手段实施美国境内战略通信,有效协调各方行动。

(4) 第2b阶段(部署)。

第2b阶段开始于应急行动的实施,此时应急剂量监测能力应该已经到位,个人防护设备应该已经提供。大多数幸存者已经被找到、疏散,并正在接受医疗救治服务。

(5) 第2c阶段(持续响应)。

该阶段开始于所有幸存者已经撤离,并实现了大规模救治和恢复工作,在受影响地区中,除严重损害区,其他地区可以恢复初步的正常公众生活。

(6) 第3阶段(恢复)。

这一阶段始于流离失所的居民已经被安置在适当的避难所或临时住房,州政府与美国政府部门开始合作,通过技术专家决策支持来确定安全恢复的程序和所要达到的目标。这一阶段需要梳理的关键问题有公共信息和警告效果总结、公众的自我去污效果总结、个人防护设备运用效果总结、医疗对策效果总结、明确危机护理标准、大规模护理效果总结、去污标准和清理目标、去污能力效果总结、废物与污染管理效果总结、大量伤亡人员管理效果总结、放射剂量监测效果总结、转移效果总结、搭建临时住房和重新入住效果总结、重新进入污染区指南、福利政策协调、基础设施修复、国防生产影响效果总结、长期的废物管理、采取补救措施的清理过程、严重破坏区的处置、长期的健康随访。

美国政府应对核/放射事件行动计划中指出,在极少数情况下,州和各级单位可能无法建立有效的事件指挥体系并领导反应。在这种情况下,美国政府可能会暂时承担通常由州以及各级单位执行的某些角色。在国土安全部部长的协调下,美国政府将为此建立统一的指挥机构,以拯救生命、保护财产、保护关键基础设施、控制事件和保护国家安全。一旦州和各级单位重新建立起有效的指挥结构,美国政府将恢复正常的应急职能定位。

第 9 章　国土核生化安全空间塑造过程中的行动体系

4. 核/放射事件应对资源部署分区方法

美国认为对于某些类型的核/放射事件，尤其是蓄意的核/放射攻击，由于危害范围和情况复杂性（例如瞬时破坏程度、高浓度的残留辐射等），马上将最多资源和应急人员部署到事故区域是不现实的。目前主要采用分区方法拯救生命，同时管控对应急人员的生命健康造成的风险。这种方法使用轻度、中度和严重损害区域来规划响应操作和行动顺序，有助于最大限度地救生作业、保证应急响应人员的安全，并提高应急响应人员活动的有效性，例如简易核装置响应的分区方法如图 9-2 所示。

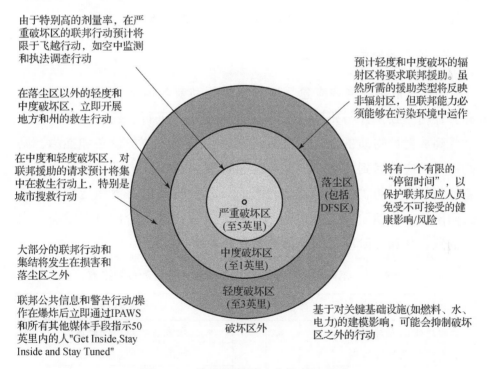

图 9-2　简易核装置响应的分区方法

美国认为在部署阶段，对应急响应核心能力的优先级排序为态势评估、公共信息和警告、行动通信、行动协调、环境反应/健康和安全、公共卫生和医疗服务、现场安全和保护、大规模搜救行动、关键交通、大规模护理、资源与基础设施系统的管理与保护。在这一阶段，对于破坏和沉降区域应急资源配置的优先级顺序为：①严重破坏区和危险辐射区：美国联邦调查局危害证据反应小组、能源部空中测量系统、美国环保署固定翼飞机；②中等损害区：美国国防部CBRN响应小组、美国能源部辐射援助小组、美国环保署环境反应小组、美国环保署CBRN后果管理咨询小组、美国环保署现场协调小组、联邦放射学监测与评估中心、美国环保署国家反恐证据反应小组、美国环保署辐射应急反应小组；③轻度损害区：美国联邦应急管理局城市搜救特遣部队和事件支持小组；④辐射区（危险辐射区除外）：能够在严重损害区、中度损害区和轻度损害区运营的所有资产、资源和团队；⑤在破坏和辐射区域之外：确保政府资产、资源和团队的基本安全。

5. 保护措施的实施阶段

美国政府始终强调应急反应和恢复行动要与适当的健康和安全指导方针相一致，并与州和各级单位的决策同时进行。例如，如果某区域受到放射性物质的污染，并且没有适当的个人防护设备和能力，则响应行动应推迟到放射性危险已经消散到应急响应人员的安全水平或者适当的个人防护装备和能力已到达。保护措施的决策制定分为3个时间阶段：早期阶段、中间阶段和后期阶段。这些阶段可以重叠，潜在的危害性和分阶段采取的保护措施如表9-1所示。

表9-1 不同事故阶段的核/放射潜在危害性和保护措施

潜在的危害性	事故阶段	保护行动
设施产生的外部辐射	早期	掩蔽、疏散、控制进入
羽流产生的外部辐射	早期	掩蔽、疏散、控制进入
羽流中的放射性吸收	早期	掩蔽、服用稳定碘、疏散、控制进入
对皮肤和衣服的污染	早期	掩蔽、疏散、人员和动物去污
地面沉积产生的外部辐射	中期	土地和财产的疏散、搬迁、拆迁
摄入受污染的食物、水	中期 后期	食物和水控制
重新悬浮物的吸入	后期	土地和财产的搬迁、去污

第9章　国土核生化安全空间塑造过程中的行动体系

1）早期阶段（与行动阶段2a一致）

早期阶段是在事件开始时需要立即采取有效保护行动的时期。由于需要即时发布，现场测量数据的信息可能很少。早期的保护措施旨在避免吸入羽流中的气体或微粒，并尽量减少外部暴露。

2）中间阶段（与行动阶段2a、2b和2c相一致）

中间阶段可能会与早期阶段的反应重叠，可能是短短几个小时，也可能持续数周或几个月。该阶段的开始基于事故源和释放得到控制，并可以根据暴露和已沉积的放射性物质的测量结果做出保护措施决定。中间阶段的保护措施旨在减少或避免对公众、控制人员的暴露和污染的扩散，并为后期清理做准备。

3）后期阶段（与行动阶段2c和3阶段一致）

后期是指采取行动将环境中的辐射水平降低到可接受水平的时期。后期阶段需要提出全面的清理决定和后果补救策略。

9.2.2　生物突发事件的处置流程

由于生物突发事件可能导致大量伤亡，对医疗服务的需求可能压垮城市或州的应急与医疗资源。美国认为其复杂性和潜在后果需要各级协调，执法行动可能需要或也可能不需要发生在受污染的环境中。因此如果应急响应预案充分预测风险并拥有适当的个人防护设备等应急资源，就可以安全有效地进行操作。美国政府生物安全行动计划附件中的分支计划指出了存在针对美国的生物制剂的威胁以及如何开展协调行动。其中对于蓄意的生物事件，关键的考虑因素包括即时的公共信息、要开展的行动任务要求（如反恐、防御、应急响应和安全恢复）、国家资源、积极主动的反应、情况报告等。各级收集的与恐怖主义威胁相关的信息，包括涉嫌恐怖主义犯罪的可疑活动报告，将被迅速分享，并立即启动与联邦调查局反恐特别小组合作，以便尽快调查和解决威胁。

1. 对生物突发事件的识别

美国联邦调查局和执法部门认为生物威胁信息有各种来源，包括开源、私营部门、科技合作伙伴、政府部门、情报部门或外国人员。导致可疑或实际事件的重要信息包括：当地 BioWatch 预警结果；由美国联邦调查局的威胁可信度评估程序确定的生物制剂；体征和症状的临床识别结果；疾病监测活动表明有故意危害可能等。

2. 生物突发事件的报警

美国将涉及威胁或实际使用生物制剂的情况分为不可信的威胁（欺诈）、生物制剂的袭击释放（有意），或生物制剂的意外释放（无意）。对生物突发事件的报警要求是响应人员应利用多个通信渠道。

美国政府规定的该阶段的关键步骤包括：①州政府和相关部门确定 BioWatch 探测器的侦察结果；②在 BioWatch 探测器确认后的 2h 内，尽早结合其他有意的生物事件检测，尽早发布生物事件的信息共享；③进行由联邦调查局领导的威胁可信度评估；④由美国联邦调查局总部和联邦调查局现场办公室确定是否需要进行执法调查、是否可能与公共卫生流行病学调查结合进行；⑤在美国政府确认生物事件报告后的 24h 内，通知世界卫生组织；⑥一旦收到潜在蓄意事件的威胁，美国联邦调查局将对该情况进行执法调查。立即评估所有可能发生的事件，以确定是否是大规模杀伤性武器、是否可能与恐怖主义有关。

3. 执法部门进行调查

蓄意的生物事件可能会造成大规模的人员伤亡，人们流离失所以及多方面的社会灾难。美国联邦应急管理局不会等待灾难声明后再启动所有应急支持职能和应急部署。

美国政府该阶段要采取的关键步骤包括：

（1）美国联邦调查局总部和联邦调查局地方办事处决定启动反恐应急。

第 9 章　国土核生化安全空间塑造过程中的行动体系

（2）建立联邦调查局大规模杀伤性武器战略小组。

（3）在美国联邦调查局大规模杀伤性武器战略小组成立后，就美国境内紧急支援小组的可能部署和组成提出建议。

（4）根据美国联邦调查局领导的大规模杀伤性武器战略小组的部署情况，确定美国联邦应急管理局后果管理协调小组的部署情况，进一步强化美国联邦调查局对可疑或实际的蓄意生物事件的反恐应急。

（5）适时与美国疾病预防控制中心分享信息，以确定潜在的公共卫生和医疗影响。

4. 从反恐响应到后果管理的过渡

刑事调查的最终状态将使应急工作从反恐活动过渡到后果管理。美国联邦调查局与联邦应急管理局一起，利用及时获取的关键信息来源提供态势感知，以推进几个机构从应急状态的逐步撤出。美国政府该阶段的关键步骤包括：决定国内应急支援小组的撤出；决定美国联邦调查局大规模杀伤性武器战略小组的撤出；确定美国应急管理局后果管理协调小组的撤出，开展长期安全恢复行动。

美国政府行动计划的生物事件附件指出，应对生物事件和安全恢复的行动阶段根据事件的规模、范围和复杂性而有所不同。对于蓄意的生物事件，预防、响应、恢复等各环节任务活动是相互依存的，而且往往是同时进行的。在反应初期做出的决定和确定的优先事项将对恢复和解决威胁的性质和速度产生重要影响。

1）第 1a 阶段（一般行动）

第 1a 阶段的活动包括公共预防信息的传递、知识教育普及、一般响应意识的培养、应急响应人员培训、识别与生物事件有关的危险迹象。美国联邦调查局和执法部门始终强调警惕生物恐怖主义威胁。公共卫生和应急管理官员应与执法部门密切合作，在发生蓄意的生物事件时具备可部署资源和适当的应急能力。

2）第 1b 和 1c 阶段（升高的威胁和可信的威胁）

第 1b 和 1c 阶段的活动是运用预防、检测生物制剂的存在。这不包括应对生物材料释放后采取的行动。发现和确定生物剂的位置可通过主动和被动的监视和搜索程序来完成，包括情报研判、使用系统检查和评估或实地实物调查。由于恐怖主义威胁情报和信息共享涉及美国政府、州、私营部门、宗教组织和国际合作伙伴的参与，因此促进收集、分析和共享可疑活动报告以进一步识别和预防恐怖主义威胁至关重要。没有一个机构、部门或地方政府能够独立完成所有恐怖主义和国家安全威胁的威胁途径。进入21世纪后，美国持续加强对生物威胁和警报的态势感知，并酌情向国家、地方和私营部门、国际合作伙伴传递情报的风险评估和分析。

第1c阶段从确定可信的威胁开始。美国联邦调查局确定行动方案，比如积极收集和分析证据，包括但不限于生物环境样本。在联邦调查局的领导下，大规模杀伤性武器战略小组将会提供信息共享机制，以支持战略决策，并在发生可疑或故意的生物事件时协调行动，要求调查该事件与实际或潜在的恐怖主义威胁的关系。

第1b和1c阶段涉及裁定非法生物材料和大规模杀伤性武器的制造、运输和使用点，要通过检测警报来确定材料的性质。在第1b和1c阶段，美国司法部和联邦调查局作为危机管理牵头机构，美国卫生与公共事业部作为后果管理牵头机构，为美国司法部和联邦调查局在医疗和公共卫生事务方面的危机管理活动提供建议和支持。在第二阶段开始时，美国司法部和联邦调查局保留危机管理的主导权，例如确定威胁的范围和性质、开展持续的调查和情报活动。但在大规模生物事件中，美国卫生与公共事业部将与美国政府各相关机构建立统一协调小组。图9-3为生物突发事件的统一协调结构。

3）第2a阶段（立即响应）

在确定了可信的威胁后就要开始实施初步应对活动。这一阶段主要是努力向受影响的个人提供准确和可信的信息。此外，执法和反恐行动现在也在积极进行中。这一阶段的首要任务是努力全面确定威胁的范围和性质，如以前未知的目标或攻击形式、确认威胁源头以及大规模杀伤性武器装置等。为此要开展持续的调查和情报活动，以进一

第 9 章　国土核生化安全空间塑造过程中的行动体系

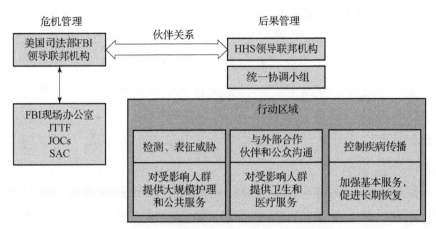

图 9-3　生物突发事件的统一协调结构

步确定威胁源头和大规模杀伤性武器装置。另外还涉及核实已经找到的材料或武器的威胁并确定其特征。最后，白宫通信主任将运用国内公共卫生医疗和公共信息警告战略通信方式来协调风险通信战略。

4）第 2b 阶段（部署）

这一阶段开始部署与美国政府应急行动有关的资源，包括人员、防护设备、医疗对策，以补充和支持卫生部门行动，保护公众健康和安全。

5）第 2c 阶段（持续响应）

随着应急响应行动过渡到安全恢复阶段，在威胁尚未完全消除的前提下，执法和反恐响应可能会继续进行，整个事件响应开始进入持续、长期的行动。有可能动用国家战略储备级的公共卫生服务和材料以完成安全恢复。此外，还要为那些受到生物制剂污染的人员提供提供临时住房以及避难所解决方案，并支持家园重建。

9.2.3　化学恐怖事件的处置流程

1. 主要负责的联邦机构和组织

美国应对化学事件涉及的机构包括美国国土安全部、美国联邦应急管理局、美国环保署、美国海岸警卫队、美国司法部、联邦调查局、美国卫生与公众事业部、美国交通运输部、美国国务院、美国能源部、美国国防部、美国农业部、美国商务部、国家海洋局、国家气象管理局、美国内政部、美国劳工部、美国总务管理局等。涉及的政府官员或团队有现场协调员、政府协调员、资源协调员、灾难恢复协调员、国家事件指挥员、美国海岸警卫队或其他高级机构官员、国家响应小组、区域响应小组)等。

美国国土安全部部长是负责国内事件管理的主要官员,负责协调美国境内的联合行动,以准备、应对恐怖袭击、重大灾害以及其他紧急情况。美国联邦应急管理局局长是美国总统、国土安全部部长和国土安全委员会在应急管理方面的主要顾问。美国联邦应急管理局可以提供一名化学应急行动专家来协助应对化学事件。美国联邦应急管理局是消防、信息和规划、群众关怀、紧急援助、临时住房以及搜索和救援的协调者。主要功能是:①从美国环保署或美国海岸警卫队获取有关化学事件的最新信息,并将风险评估结果分发给所有被授权的政府机构;②部署并提供适当的资源,为信息分析和情况了解收集数据,以支持应急行动决策;③获得材料和资源以支持化学事件发生后所需的医疗服务;④确定应急管理活动多机构协调中心的组织规模、组成结构和整体人员配置;⑤制定和颁布社会应急的连续性指导报告,以提高社会的复原力。

美国环保署是美国内陆石油化学品泄漏和危险材料释放后所有行动的牵头机构。而美国海岸警卫队是美国沿海和国际水域发生石油化学品泄漏和危险材料释放后所有行动的牵头联邦机构。

美国联邦调查局是与化学事件有关的联邦执法调查的牵头机构。领导和协调执法政策、现场执法以及与恐怖威胁和联邦犯罪相关的调查和情报活动。美国联邦调查局具有经过培训、配有装备并被授权的危险证据搜集小组,负责在危险环境中收集化学和其他环境证据。提供危机管理、监视、缓解危险装置、行为分析、战略信息传播和应急行动方面的专业知识。

第9章 国土核生化安全空间塑造过程中的行动体系

美国国防部协助与化学事件有关的联合行动，以支持国内基础设施安全。美国陆军工程兵部队的任务是提供必要的军事服务。美国国防部还可以提供 CBRN 响应小组以及包括国民警卫队在内现役和预备役部队的人员。

2. 行动阶段

美国针对化学事件响应的行动是分阶段的，每个阶段的时间和持续时间因事件而不同。

1）第 1a 阶段（威胁监测）

与核应急和生物应急一样，美国多部门之间相互协调，为化学突发事件制定应急预案并进行态势感知。

2）第 1b 阶段和第 1c 阶段（升级和确信的威胁）

无报警事件和报警事件的各阶段情况有所不同。阶段 1b 和阶段 1c 通常是指报警事件，包括即将到来的飓风和情报部门确定的犯罪或恐怖主义威胁。但是大多数化学突发事件都是意外的，因此属于无报警的事件。无报警化学突发事件通常绕过 1b 和 1c 阶段，并且直接响应到 2a 阶段。

在 1b 和 1c 阶段，美国应急程序采取的关键步骤包括：分析和模拟对化学基础设施的潜在影响，分析市场对经济的影响，确定对关键基础设施的破坏影响。上述信息将在美国环保署、美国海岸警卫队和其他适当的部门和机构之间进行共享。

3）第 2a 阶段和第 2b 阶段（立即反应和社会稳定）

立即反应和社会稳定主要是化学突发事件应急启动后 72h 内采取的行动。行动的重点是拯救生命、满足基本生活需求、保护环境和向安全恢复的过渡。

4）第 2c 阶段（持续行动）

持续行动通常是指化学突发事件应急启动后大约 3~30 天。行动的一些主要步骤包括：与政府、责任方和其他受影响的群体进行协调，以确定未来潜在的破坏性影响；向公众传达关键信息，包括预估行动时间；确保按国家政策与科学规律实施公共保护措施。

5）第 3 阶段（恢复）

初始恢复行动在第 2a 到第 2c 响应阶段就已经开始：包括准备保障公众长期的健康和安全需求，评估损害，开始恢复基础设施。恢复活动可能会持续很长一段时间。在此阶段中的关键步骤包括：向政府提供安全恢复方面的建议；制定和促进政府规划以加快恢复关键基础设施；制定安全恢复战略，包括详细说明政府支持的水平、类型和预计时间表。

3. 应对化学事件的联邦响应协调机制

美国政府响应计划的化学/石油事故的响应和恢复附件指出，对故意释放化学品的事件，无法进行危害源预定位，对应急资源的需求也不完全清楚，因此故意的化学事件可能会打乱政府资源部署。对可疑或实际故意化学事件的反应需要与包括私人机构在内的多级多机构之间的整合和协调，以管控后果、保护关键基础设施、执行法律并防止恐怖主义，特别是执法行动可能要在受污染的环境中进行。当化学事件被怀疑由犯罪活动或恐怖主义行为引起时，现场的响应活动将与联邦调查局现场指挥官和联邦调查局联合行动中心进行协调。联邦调查局领导并协调执法行动、情报收集和对潜在犯罪事件的调查。对于化学品事件监测的方法主要包括：收集分析情报来源提供的信息、刑事调查、环境监测、国家响应中心收到的报告等。对于故意化学事件应注意不能被视为单一性事件，要充分预估潜在的后续威胁，解决突发事件的人员、设备和物资需要数小时的部署，会延迟事故现场行动的开始。通过污染区域的运输将传播污染，增加事故现场的规模。

基于分层防御的原则，美国针对化学事件的行动方针采用了四种结构来协调联邦政府的反应，以适应化学事件的多来源、水平和后果。由于这些事件存在许多不同的场景和响应要求，这四种结构是可扩展的、分层的和包容的。

第9章 国土核生化安全空间塑造过程中的行动体系

对于化学工业事故，责任方（通常是业主和运营者）被要求就某些事件向地方、州和联邦政府当局进行报告。责任方也可与当地第一响应人员协调，参与初始响应行动。美国政府针对大多数化学事件的响应是根据美国国家石油和有害物质污染应急预案进行的。在启动预案后，基于预案建立的美国国家响应系统能够经常有效地准备和应对各种石油和危险物质释放。联邦现场协调员将确定是否需要启动国家资源进行应急。

1）联邦现场协调员评估

联邦现场协调员与事件发生地政府以及责任方合作评估情况，并确定化学事件可以由事件发生地政府、责任方、非政府组织和私营部门进行应急，不需要美国政府根据国家石油和有害物质污染应急预案做出响应。

2）根据国家石油和有害物质污染应急预案统一指挥响应

联邦现场协调员与事件发生地政府以及责任方合作评估情况，并确定化学事件需要美国政府根据国家石油和有害物质污染应急预案提供适当的资源，以支持事件发生地政府以及责任方。美国国家响应系统是由个人和团队组成的多层次系统，共享专业知识和资源，以确保及时有效响应化学品释放，并尽量减少对人类健康和环境的威胁。美国国家响应系统的主要机构和人员包括美国国家响应中心、联邦现场协调员、13个区域响应小组、国家响应小组，以及国家石油和有害物质污染应急预案特别执行小组。具体如图9-4所示。

图9-4 基于国家石油和有害物质污染应急预案统一指挥响应

基于美国国家石油和有害物质污染应急预案的响应阶段包括发现与告知、初步评估和启动响应行动、制定现场安全计划、确定污染的程度以及遏制、应对措施、清理和处置。

（1）初步评估和启动响应行动。

联邦现场协调员对影响进行初步评估，以确定美国联邦响应的适当水平。联邦现场协调员要全面收集关于化学品释放的相关信息，如排放或威胁的规模和严重程度；化工容器的潜在爆炸性威胁；释放材料的性质、数量和位置；释放材料的可能方向和时间；人类和环境接触的途径；对人类健康、福利、安全和环境的潜在影响；受影响的自然资源和财产；对关键基础设施的影响；保护人类健康、福利和环境的措施；对救援和医疗措施的需要等。

（2）制定现场安全计划。

美国联邦应急管理局要求在危险区内开始应急作业之前，制定一份现场安全计划，并对响应人员进行安全介绍。

（3）确定污染的程度。

应对化学事件的一个重要步骤是确定和评估污染的性质和范围。关于评估过程，通常是通过环境监测、取样以及对样本进行实验室分析。污染检测主要是通过收集现场数据的方式完成的。在某些情况下，也可以使用模型来帮助预测环境污染物的来龙去脉。最初的模型预测是利用有关释放的初始信息和假设进行的。随着更多现场数据的收集，模型和预测结果将会被不断改进。多机构建模和大气评估中心是美国负责预测化学品释放到水或空气中的后果的政府组织。美国各州也可以在州级领导的响应中创建自己的模型。在多方参与应对行动的情况下，建模活动通常在统一的指挥下进行协调。具体见图9-5。

（4）遏制、应对、清理和处置措施。

美国联邦现场协调员可以利用事故指挥系统，指定一个现场事故指挥部来管理响应。关于遏制、应对、清理和处置的具体方式，美国联邦现场协调员根据情况有3种方式可以选择：①允许责任方或事发地政府在美国联邦现场协调员的监督下进行响应。在这种情况下，通常将责任方纳入事件指挥体系。②使用美国政府资源来进行清理，或使用美国政府、事发地政府和责任方共同资源进行清理。③联邦现场协调员可以要求美国国家响应小组和美国区域响应小组中的15个联邦

第9章 国土核生化安全空间塑造过程中的行动体系

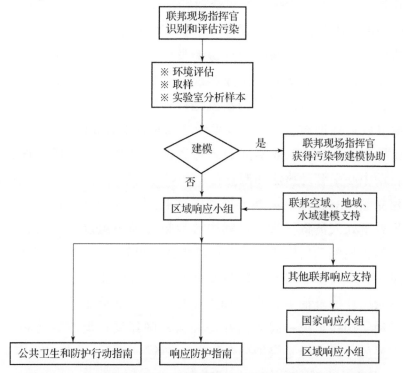

图9-5 美国联邦对污染程度的评估过程以及保护行动的确定

机构以及联邦特别小组对事发地政府领导的响应提供技术援助，保留对环保措施的最终决策权。

根据美国国家石油和有害物质污染应急预案，为应对化学事件而采取的行动包括以下内容：①限制进入事故现场，包括指定安全区、设置安全围栏和警告标志；②要求设立污染物控制区、提供个人防护设备、开展医疗和空气监测、明确现场取样和消除污染的程序并确保现场安全；③环境监测、取样和污染介质的分析，以及对收集的数据进行解释，以确定污染的类型和程度；④控制和阻止污染物释放，防止污染扩散；⑤对人员、建筑、设施、牲畜、野生动物等进行净化；⑥在事发地政府提供永久性补救措施之前，提供替代水源，以保证受污染家庭的用水安全；⑦设置物理屏障以保护自然资源和敏感的生态系统；⑧管理产生的废物，包括储存、回收、处理、运输和处置；⑨协助事发地政府进行公共警报、警告以及公共指导；⑩协助事发地政府协调人口疏散和大规模护理活动等。

联邦现场协调员在现场领导、协调国家层级的应急行动。对于较大规模的化学品释放,联邦现场协调员要根据美国国家应急计划与区域响应小组协调,必要时与国家响应小组协调。对于大规模的医学过敏反应,联邦现场协调员将与事发地政府官员、美国卫生与公共事务部毒物和疾病登记局、环保署技术专家以及其他必要的组织进行协调。

如果事件涉及疑似或实际的恐怖袭击或犯罪,由联邦调查局建立联合行动中心来管理执法和调查行动。当此类事件影响到多个地点时,可以建立额外的联合现场办事处和美国联邦调查局联合行动中心。联合现场办事处人员将与联合行动中心后果管理小组以及美国联邦调查局领导的大规模杀伤性武器战略小组中的后果管理协调小组进行联络。

如果联邦现场协调员发现与事件有关的可疑犯罪活动的证据,也将联系美国环保署刑事调查处和美国海岸警卫队调查处。对于可疑的恐怖活动,这些组织一起咨询并协调当地联邦调查局办事处和负责人员。主要的协调目标是保护公众健康和安全,记录、收集和保存证据。

3)具有应急功能的统一指挥响应

如果联邦现场协调员和其他官员认为化学事件需要的国家资源超出了国家石油和有害物质污染应急预案的范畴,就需要动用国家响应框架中的一个或多个应急支持功能来支持国家石油和有害物质污染应急预案响应。此外,指定一名联邦资源协调员协助协调国家组织和机构,以支持联邦现场协调员以及事发地政府。

当化学品事件的影响需要的国家资源大大超出了美国国家石油和有害物质污染应急预案的通常支持范围时,美国国土安全部部长会协调其他部门和机构的援助。在这种情况下通常采用的统一指挥结构如图9-6所示。

在美国总统宣布重大灾害或紧急情况后,美国联邦应急管理局区域响应协调中心将协调最初的区域和现场活动,直到建立联合行动办公室。建立联合行动办公室为协调美国政府、事发地政府和各级单位提供了工作中心。联合行动办公室主要负责响应和安全恢复行动。来

第 9 章 国土核生化安全空间塑造过程中的行动体系

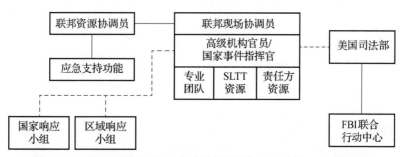

图 9-6 基于国家石油和有害物质污染应急的统一指挥响应

自美国政府、州政府和各级单位的人员根据事件的要求，在联合行动办公室担任各种职务。这些人员构成统一协调人员，并由美国政府协调官员、州协调官员和其他必要的官员组成的统一协调小组领导。如果确定该事件需要执法部门协调应对，司法部长可以任命一名执法官员加入统一协调小组。

9.3 国内核生化应急行动体系

国内核生化应急行动体系与国外类似，按专业区分为核应急、生物应急和化学应急等不同体系，具有不同的特征和行动流程。具体见表 9-2。

表 9-2 核生化应急响应和救援行动

分类	行动名称
核应急响应救援行动	核爆探测行动
	核应急的源头控制行动
	早期、中期和长期辐射监测行动
	评估重点污染区域并实施洗消行动
	划定隐蔽和临时撤离区域行动
	撤离洗消与环境修复行动
	指导公众防护行动

续表

分类	行动名称
生物应急响应救援行动	生物监测行动
	生物危害预警行动
	现场分析与采样行动
	封锁疫区与全面救治行动
	解除封锁与环境修复行动
化学应急响应救援行动	对事故危险源、毒害滞留区和毒害边界实施侦察行动
	堵断事故源行动
	对污染区危害浓度和危害范围进行实时监测行动
	对污染区实施洗消行动

9.3.1 核应急行动

1. 核应急的源头控制行动

核应急的源头控制行动即组织控制源头核泄漏，由国家核应急救援队依据救援行动条例，携带硼砂等压制剂，采取"垂直布撒、超区覆盖"的方法对泄漏部位进行空中压制，也可由核事故应急多功能核污染压制车、核污染现场地面污染压制车、抵近压制机器人、核污染封堵作业机组等实施地面污染压制，最大程度地防止和减少放射性物质向环境的释放。在源头控制行动同时，配套实施应急防护、去污洗消和医疗救助。

2. 监测行动

根据国家核应急纵深防御原则，组成陆海空立体辐射监测网络，为监测区、沾染区、隐蔽区、撤离区划定等重大决策和应急处置行动指挥提供支持。

第 9 章 国土核生化安全空间塑造过程中的行动体系

1）早期辐射检测

在核应急行动最初展开早期辐射监测。

（1）依托部署的核辐射监测站对环境放射性水平进行在线连续监测。

（2）实施移动监测站监测。依托相关设备，对环境放射性水平进行连续监测，判定环境放射性水平变化情况，识别异常的放射性核素。另外派出防化监测车，与相关装备共同构成移动监测网。

（3）搭载核辐射监测和采样设备的无人机和边防巡逻艇，进行空中、水面和水下放射性水平监测和采样。

（4）采集空气、水等样品后送进行深入分析鉴定，结合早期应急辐射监测结果，进行事件性质研判。

2）中期辐射检测

在实施早期辐射监测行动若干小时后，启动中期辐射监测与评价。

（1）对重点污染区域进行二次侦察，同时调配分析化验车，对重点污染区域的土壤、水、粮秣等样品进行取样，现场分析监测和实验室分析测量，确定污染种类和污染程度。

（2）协调地方核辐射监测力量，对广域的纵深地区开展辐射监测，确定纵深地区的核与辐射污染情况，评估污染危害。

（3）对境内纵深地区进行网格式的航空辐射侦察，确定广域范围内的地面污染情况。进行持续的辐射监测，确定我国领海及周边水域的放射性污染水平和变化情况。

3）长期辐射监测

在实施早期辐射监测与评价若干天后，协调地方力量对纵深地区及城市重点区域开展长期的辐射监测，评估公众可能遭受的辐射危害。

3. 洗消去污行动

根据环境监测结果，开设固定洗消站或建立机动洗消队实施洗消去污，具体行动包括人体和衣物去污，土地、建筑物和道路去污，车辆物资去污等。每个洗消站配属指挥车、喷洒车、扩展方舱式人员洗消车、远程供水车、越野运输车等。机动洗消队配属喷洒车、扩展方舱式人员洗消车，保持通信畅通。

（1）评估重点污染区域并实施洗消。当地表 β/γ 放射性活度达到规定值以上时，划为重点污染区域，应对该区域进行管控，防止造成人为污染扩散或者区外人员进入；指导重点污染区域内受染群众进行必要的自我洗消、防护、医疗等措施。

（2）划定隐蔽和临时撤离区域。在临时撤离边界设置放射性沾染检查站和洗消站组成的洗消走廊，准备对撤出的装备、物资进行快速去污洗消；并实施洗消后的放射性沾染复检。

（3）撤离洗消与环境修复。撤离洗消后，居民进入地方政府设置的临时定居点安置。洗消分队根据应急需求和任务分配，转入环境修复任务。

4. 公众防护

根据核应急处置行动预案与辐射监测结果，协调地方政府、公安等力量，适时组织受辐射影响地区人员采取隐蔽、临时避迁等应急防护措施，避免或减少辐射损伤。按照应急人员 50mSv/天和公众 10mSv/周标准，评估应急处置人员和公众潜在内外照射危害，如达到上述标准需提前采取必要的防护措施，必要时服用碘片，做好应急人员的防护。

9.3.2 生物应急行动

1. 监测行动

在敏感地区医院建立哨点监测，如发现不明原因疾病、常见病治疗无效或效果不良、发病或死亡人数增多等异常现象时，应及时上报。

第 9 章 国土核生化安全空间塑造过程中的行动体系

同时要加强疫情监测资料的分析和交流,及时发现异常现象,并加以排除或确认。

2. 预警行动

根据医疗、疾病预防控制、卫生监督机构提供的监测信息,及生物事件发生、发展的规律和特点,分析生物事件对社会的危害程度及可能的发展趋势,及时做出预警。事件发生后,应在 2h 内向所在地卫生行政部门报告地点、时间、可疑危害物、波及范围、暴露人数、发病情况、可疑线索的细节、现场处理、事件发生地周围状况等。

3. 现场应急行动

(1) 分析与采样。根据事件经过、人群发病情况及可能污染的范围,分析事件性质,确定现场处理办法,迅速对疫区和可能污染区进行现场采样、检测及消毒。

(2) 封锁疫区与全面救治。立即封锁疫区,在采样后,进行彻底的消毒、杀虫、灭鼠措施。根据初步调查结果,确定隔离范围,提出大、小隔离圈及警戒圈的设置建议;配置必要的隔离防护设施;搜索大隔离圈内的患病动物及动物尸体;对小隔离圈及现场临时隔离场所的消毒、杀虫、灭鼠效果进行评价。在通往污染区的路口设警戒和检疫哨卡,限制人员和物资出入;在污染区内实施杀虫、灭鼠和消毒;检查污染区内的粮食和饮水;隔离治疗患者;受污染人员应实施紧急处理,包括医学观察、预防接种或预防性服药等。如查明为细菌毒素或传染性较弱的病原体,可解除封锁。但患者、病畜及带菌者必须加强治疗,限制他们的出入和活动。如查明为鼠疫、霍乱、天花等烈性传染病病原体,或发生鼠疫、霍乱、天花等疫情时,应继续封锁,并将封锁区划分为若干大小封锁圈。各封锁圈之间应完全隔离,停止互相往来,对患者进行隔离治疗,对受感染者及患者的密切接触者进行隔离观察。从最后一例病人发病起,经过该病的一个最长潜伏期(如鼠疫 9 天、霍乱 6 天、天花 16 天),若无新的病例发生可解除对疫区、污染区的封锁。解除封锁前须进行必要的卫生处理。解除封锁应报请原批准封锁的主管部门批准。受生物战剂污染的地区应进行彻底消毒，具体方法应根据生物战剂的性质、施放手段等选择。

9.3.3 化学应急处置行动

1. 侦察行动

1）对事故危险源实施侦察时的行动

根据危险源发生事故的性质不同，通常有以下几种侦察方式。

（1）对爆炸起火导致化学事故的危险源进行侦察。这种危险源一般规模比较大，危险性高，在侦察实施过程中往往还伴有坍塌现象，通常至少要有两人以上进入危险源，在能够相互通视的不同地点实施侦察。

（2）对化学物质泄漏导致化学事故的危险源进行侦察。这种危险源一般不伴有爆炸、起火现象，其危险源的毒害浓度非常高，往往具有很强的腐蚀性，人员即使在隔绝式防护状态下，也不宜作业时间过久。对这类危险源的侦察通常与实施堵漏抢救组同时进行。

2）对毒害滞留区实施侦察时的行动

通常侦察分队采取乘车侦察的方式对毒害滞留区实施侦察，其主要行动方式有：

（1）分区侦察。即将整个侦察地区划分成若干区域，每个区域由一个侦察组主要负责查明区域内的毒害滞留情况，并进行标识。

（2）按目标侦察。在可以判明侦察区内有毒有害物质可能的滞留点时，可以采取按目标侦察的方式进行化学侦察。对每个毒害滞留区要查明其毒害浓度、滞留范围并进行标识。

（3）综合侦察。即同时运用分区侦察和按目标侦察两种方式，对大面积的侦察区先分成若干个小的侦察区域，对每个划分的侦察区域可以采用按目标侦察的方式进行。这种情况一般是在地形比较复杂、

第9章 国土核生化安全空间塑造过程中的行动体系

毒害物质滞留点多的情况下实施。

（4）沿街巷侦察。这种侦察主要是在城镇内遂行侦察任务时主要采取的侦察方式。每个侦察组可以负责若干个街巷侦察任务。在城镇街巷较多的情况下，要合理区分任务，明确每个侦察组负责的具体街巷，以免有混乱、重复侦察、漏查的情况。区分任务要便于每个侦察组的行动路线，以免浪费时间。

（5）沿河道侦察。这种侦察主要是在水源遭受污染的情况下采取的主要侦察方式。通常由两个侦察组在河道的两岸沿着河道实施侦察，主要查明河水滞留区的毒害情况。

3) 对事故源区边界实施侦察时的行动

对事故源区边界的侦察行动可以采取以下几种方式：

（1）沿边界侦察。如果事故源的边界相对较为明显，能够找到边界的话，侦察组可以采用1~2个侦察组沿着明显边界实施乘车或徒步化学侦察，遇边界不明显的地方，侦察组应下车仔细侦察。2个以上组同时沿边界侦察时，要注意组与组之间的协同。

（2）沿通路侦察。当通往事故源区有明显的进出路时，侦察组可以沿通路实施化学侦察，确定事故源区边界。一般通往事故源区的进出路不止一条，可以采取1~2个侦察组分工负责对不同的进出路实施化学侦察，如果通往事故源区的进出路只有一条主干道，可以由一个侦察组沿通路穿过确定源区边界，也可以由两个侦察组沿通路实施侦察确定边界。

2. 堵断事故源行动

实施大范围化学污染事故救援、厂内有毒物泄漏事故救援或运输中有毒物泄漏事故救援，应首先控制事故现场、深入事故核心区，在企业管理人员的配合下，采取关、堵、隔等多种措施，有效控制事故源，堵断泄漏。

3. 对污染区进行实时监测

利用监测车和多种化学检测仪器和器材，快速实时监测，确定有毒云团飘移（扩散）方向、距离和污染区范围、边界，为群众防护提出科学、合理的建议。

1）对事故危害范围实施监测时的行动

目前对事故危害范围实施监测主要是监测分队利用防化监测车，沿道路实施。由于监测车配有化学监测系统和分析化验系统，其对道路实施监测时通常间隔一定距离（根据化学事故规模和有毒有害物质毒害性质而定），取几个具有代表性的点目标停车监测。对于一些不便行车的地点，人员下车携带轻便监测器材实施监测，并进行标识。防化监测分队携带轻便监测器材乘车对危害范围实施监测，通常编成若干个监测组，由不同的方向或沿不同的道路实施监测。具体行动方法应根据危害区内的地形状况、道路情况、危害范围和程度而定，可以采取由 vb 中心（危害源区）向外扩散的方式进行，也可以采取从多个方向向中心运动的方式进行。由于随着时间的变化，化学事故的危害范围可能也不断变化，因此监测组应根据情况实施不间断监测，并根据危害变化情况适时调整监测标志。

2）对事故危害浓度实施监测时的行动

对事故危害浓度实施监测时通常也是与地方监测组织协同，采取定点设哨监测的方法实施。监测分队可能独立负责一个地区的化学监测任务，或独立组织 1~2 道化学监测线。监测哨可以分组行动，每组 2 名监测员，携带便携式单种气体监测仪实施监测，特殊情况下，每个监测哨也可以由 1 名监测员携带监测仪单独实施监测。各监测哨的监测地幅应相互交叉和补充，形成网络，覆盖整个监测地区，控制整个监测正面。各监测哨的位置，因地形情况而定，设哨时应该注意地形情况对风的影响。

4. 对污染区实施洗消

可使用喷洒车、多功能洗消车等洗消装备，对大面积污染区和各种污染对象实施洗消，恢复污染区正常状态。按美国国民警卫队核生化应急救援的标准将洗消等级规定为 3 种，分别为即时洗消、彻底洗

第 9 章　国土核生化安全空间塑造过程中的行动体系

消、清洁洗消。

（1）即时洗消：为最大限度减少人员伤亡、挽救生命，并限制污染扩散，由个人、班组或车组利用自身装备的消毒包等器材立即实施的皮肤、个人防护装具与装备洗消，及对车辆或装备需要接触部位的局部洗消。

（2）彻底洗消：救援结束后在洗消站由洗消分队对受核生化沾染的人员、装备、器材物资等实施的整体洗消。彻底洗消后，允许个人脱掉部分或全部防护器材。

（3）清洁洗消：是指救援结束且在洗消资源充足时开展的可以使被消装备达到无限制运输、维护、使用和报废的洗消级别。

第 10 章 外军参与反恐及事故应急救援典型案例汇编

10.1 日本自卫队参与福岛核电站核事故救灾

2011年日本"3·11"大地震发生后,出现地震、海啸、核泄漏三灾并发的复杂情况。日本自卫队自3月11日至12月26日共投入核应急人员8万余人次,出动各型飞机540架、各型舰艇59艘,实施最大规模的核事故应急救灾行动。

1. 任务执行情况

"3·11"大地震发生后,日本防卫省迅速成立中央抗震救灾指挥部,形成防卫省中央指挥部——陆海空联合任务部队指挥所——各军种任务部队指挥所三级全军指挥体制。中央指挥部设在防卫省机关内,由防卫大臣任总指挥;联合任务部队指挥所设在陆上自卫队东北部军司令部,由东北部军司令任总指挥;各任务部队指挥所分别设在陆上自卫队东北部军司令部、海上自卫队联合舰队司令部以及航空自卫队航空总队司令部,分别由陆上自卫队东北部军司令(兼任)、海上自卫队联合舰队司令及航空自卫队航空总队司令负责。联合任务部队司令根据防卫大臣的统一部署指挥任务部队联合实施各项抢险救灾任务。

第 10 章 外军参与反恐及事故应急救援典型案例汇编

自卫队核灾部队承担的任务包括注水冷却、情报侦察、辐射监测、沾染消除、人员搜索及救助、信息发布、核应急保障等。

1) 注水冷却

在福岛核电站工程抢险中,自卫队主要为福岛第一核电站的 3 号和 4 号机组提供注水冷却支援。自卫队参加注水降温的救援力量有中央快速反应集团、消防大队和航空总队北部航空方面队(第 6 高射群、航空总队中部航空方面队的第 6 航空团、中部航空警戒管制团、第 1 高射群、第 4 高射群和航空总队直辖部队高射教导队)。主要救援装备有 CH-47 运输直升机、消防车、供水车。自卫队利用消防车和供水车在地面为 3 号和 4 号机组注水,注水总量约 340t,利用 CH-47 从空中为核电机组注水,注水总量约 30t。这些注水为缓解核电机组温度升高、防止反应堆和乏燃料池进一步恶化起到了一定的作用。

2) 情报侦察

3 月 19 日至 4 月 26 日,自卫队出动直升机、侦察机等装备进行航空侦察,用于获取核电站受损情况、内部温度信息,为核应急指挥决策提供依据。参与航空侦察的主要力量有海上自卫队第 31 航空群、航空侦察部队 501 侦察中队、东北部航空部队。CH-47 直升机搭载热成像仪,用于测量核电站安全壳和乏燃料池的温度;RF-4E 侦察机和 UH-1 直升机主要进行航拍摄影,获取核电站受损图片和影像。

3) 辐射侦察

福岛核事故向空中释放了大量放射性物质,大量污水泄漏以及人为排放造成大面积放射性污染。自卫队利用现役装备在地面和空中进行辐射监测,为掌握剂量率分布和剂量评估提供必要支援。

(1) 地面辐射侦察。中央特殊武器防护队共出动 6 辆化学防护车,其中 4 辆化学防护车配置在紧急事态应急对策中心,对福岛核电站周围的土壤和水源进行辐射监测,2 辆化学防护车辆对福岛第一核电站 4 号反应堆进行辐射监测。

(2) 航空辐射监测。实施航空辐射监测的主要力量是中央快速反应集团第 1 直升机团和航空自卫队第 7 航空团,主要装备是 CH-47 直升机和 T-4 中型教练机。CH-47 直升机搭载地区用 3 型剂量计进行大面积航空辐射侦察，T-4 中型教练机主要进行空气采样，样品由日本分析中心、防卫技术研究本部和筑波大学同位素综合中心等机构进行分析。

4）沾染消除

（1）人员装备洗消。陆上自卫队第 12 化学防护小队和中央特殊武器防护队在福岛核电站禁区周围建立 5 个去污点，负责检测当地民众受核沾染情况，并对受到核沾染的民众进行清洗去污作业。由于自卫队动用大量武器装备在污染区域救援，导致部分武器装备表面受到放射性沾染，自卫队对受染武器装备进行专业冲洗，清除表面放射性沾染。

（2）障碍清除。海啸给福岛带来大量垃圾，第一核电站 4 个核电机组先后爆炸也产生大量建筑垃圾，核物质使上述垃圾具有极强放射性。为协助东京电力公司进行清理，自卫队出动 2 辆经改装的 74 式坦克，清除部分垃圾，为救援工作开辟通路。自卫队出动中央快速反应集团第 1 空降旅、第 6 师第 44 步兵团和第 6 炮兵团受灾地区清理砖瓦废墟。

（3）先期沾染清除实验。从 7 月 6 日至 12 月 22 日中央特殊武器防护队、第 6 化学防护队、第 9 化学防护队、第 10 化学防护队、第 44 步兵团、第 6 炮兵团等专业和非专业力量约 900 人在福岛县展开先期沾染清除活动，重点对警戒区域及计划避难区的各个据点路面、建筑、植被等进行沾染消除，清除面积超过 5 万平方米。通过对不同地域和样本的消除与评估，形成系列技术指南，为后期大规模沾染消除活动奠定了基础。

5）人员搜索及救助

核事故发生后，日本将核电站周围 20km 设为警戒区，将 20～30km 范围设为计划撤离区和紧急撤离准备区。为确保撤离区以内的人员有效撤离，2011 年 4 月 18 日至 6 月 8 日，自卫队与警察厅、消防厅、海上保安厅合作，出动中央快速反应集团中央快速反应连、第 6

师团第 6 高炮营和第 6 炮兵团，第 9 师第 11 工兵群，第 5 工兵旅第 9 工兵群，第 12 旅团第 2 步兵团、第 13 步兵团、第 12 炮兵队，第 13 旅团第 8 步兵团、第 17 步兵团，"松雪"号护卫舰和"远洲"号多用途支援舰的舰载直升机队以及百里航空救难队，运用重型机械对坍塌的房屋等进行仔细排查，对下落不明者开展搜救。

6）信息发布

自卫队通过各种渠道向国内外发布信息，让外界了解自卫队活动情况。

（1）通过对策本部会议、记者见面会等形式，进行信息发布。通过公开防卫省对策本部会议内容，广泛宣传自卫队的活动方针。通过记者招待会及网络刊登相关资料的方式，定期发布有关救援活动的进展情况及事项。

（2）与地方宣传部门合作，保持实时的信息收集和共享。自卫队联合任务部队负责受灾地区的现场情况信息发布，中央进行的宣传报道及相关事宜由内部各部门负责，并成立多个处理窗口。部队与地方之间初步实现有关信息的实时收集与共享。

（3）开通官方微博，宣传赈灾的相关信息。2011 年 3 月 25 日，防卫省网站开通官方微博，即时宣传各派遣部队的活动内容及进展情况，使救灾相关信息得到快速、广泛的宣传报道。

（4）利用网站发布信息。日本自卫队官方网站专门开辟核灾害网页，3 月 11 日到 12 月 26 日每天发布核应急救援的部队、任务及派遣命令，更新网站英文信息，提高海外宣传能力。

7）核应急保障

核应急保障是保证核应急救援顺利实施的重要内容，自卫队在通信、运输保障方面采取多项必要措施。

（1）通信方面：①在联合任务部队司令部设立联合通信调整所，实施信息综合统一运用与调整，显著增强了联合任务部队司令部通信能力。②调整通信频率，保证自卫队通信需要。在震灾发生之前，自卫队已与总务省达成有关频率调整的问题协议。总务省从震灾发生当日起即做好准备，确保通信频率畅通，震灾发生当日部队使用的通信频率立即投入使用。③与民营通信商合作，在活动地区迅速开展通信所需的线路增配及线路调整工作，实现了灾害快速应对。

（2）运输保障方面：自卫队动用 UH-1、UH-3、CH-47 直升机进行空中运输支援。①运送政府要员、技术专家、国际原子能机构调查团等人员进行实地考察；②为东京电力公司运输电缆、应急电池；③转移部分疏散区的人员至安全区域。

2. 主要特点

1）迅速决策

防卫省在地震发生 4min 后立即成立灾害对策本部，指挥加强情报搜集，协调各部门行动，确定抢险救灾方案以及任务部队行动计划，组织防卫省各机关、联合参谋部、陆海空各自卫队参谋部迅速启动应急处突机制。防卫大臣、副大臣及防卫政务官等部门主要负责人通过频繁召开指挥部会议，共享情报、制定决策并发布消息，为及时、有效地制定救灾方针发挥重要作用。地震发生后，防卫省灾害对策本部约 3h 后发布大规模赈灾派遣命令，5h 后发布核电灾害派遣命令。

2）快速部署

自卫队震灾发生后迅速投入 10 万兵力，组成陆海空联合任务部队，并首次征召 2400 名预备役人员，形成强力的抢险救灾态势。在持续半年多的救灾行动中，自卫队合理用兵将任务部队划分成三个梯队，即一线救援部队、休整部队和待命部队，既保持了各参战任务部队较强的战斗力，又较好地处理了抢险救灾行动与执行日常战备任务的关系。

3）高度合成

此次抗震救灾行动是日本陆海空战后首次开展的大规模联合行动。任务难度、行动规模空前，任务持续时间长，部队合成程度高。在长达半年的救灾行动中，在联合任务部队的统一组织下，各自卫队积极配合，较顺畅展开联合行动，并在划定禁飞区、调整空中走廊等问题上与地方有关部门开展有效协调合作。特别是自卫队与驻日美军联合实施代号为"朋友"的救援行动。期间,美军出动 140 架飞机、15 艘舰艇及 1.6 万兵力,与自卫队联合开展人员搜救、物资运输、兵力投送及灾区清理等任务,美海军陆战队还出动约 140 人的核生化防护部队为核危机处置提供帮助。

3. 存在问题

1)复合型灾害应对预案有待完善

面对突发性、复杂性和破坏性空前的震灾,防卫省机关内部各部门之间协调不畅,与下属任务部队及地方政府有关部门合作不顺的情况时有发生;各部队的应急预案、行动要领及协同行动无法完全适应大规模、长时间的救灾行动,在一定程度上迟滞了任务部队快速集结和执行有效救助。在灾后初期,各地方政府和个人捐赠的物资均由指定的 50 个自卫队基地接收和发送,由于自卫队缺乏在突发情况下对各地方自治体提供紧急运输保障的方案,各基地储运能力有限,加之大量部队被抽往灾区救援,难以完成大规模转运任务,影响救灾效果。

2)应急指挥机制不够顺畅

救灾过程中,联合参谋部与各自卫队参谋部间的任务分工上存在交叉重叠,联合参谋部的协调功能有待加强,联合任务部队的编组计划无法满足长时间编组任务需要,对突发重大事故和长期性的救灾任务准备不充分;各部门有关飞行任务协调和管制办法相互不统一,缺乏有效的情报搜集和共享机制。

3)军地、内外救灾协调机制存在缺陷

自卫队与地方政府部门协商机制不畅,自卫队出动数百架直升机进行灾情监测和人员物资投送,但直升机机场距任务地域较远,每次空投前需国土交通省航空局批准,经常因通信不畅而无法及时完成任务。在救灾过程中还暴露出日美协调所体制不充分、各协调所任务不明确、防卫省对美窗口不统一等问题。

4）军队综合性防护能力不足

（1）紧急情况下各自卫队通用通信能力受限。由于设在陆上自卫队东北部军司令部的自卫队联合任务部队指挥所未能开通联合通信保障系统，致使自卫队无法在灾后初期与政府有关部门协商确定救灾部队专用通信频率，救灾部队未能形成统一、军地共用的通信体系。

（2）部队机动运输手段单一。在任务部队集结初期，陆上自卫队通过对高速公路限行等方式，确保部分部队的机动展开。但由于海上运输存在制约因素，未能充分利用驻日美军及民间运输手段，自卫队部队集结和展开速度受到影响。

（3）救灾装备设施老化。自卫队未列装处理核事故专用无人机和机器人及其他防核事故专用装备；平时训练重点在于防护核生化袭击，缺乏针对核电站辐射泄漏事故的专业防护训练，营地基础设施抗震强度较低，部分营区在震中受到影响，也不能有效预防海啸冲击。

5）配套制度仍存短板

（1）震后初期部队轮换不及时。救灾部队工作超负荷，一线官兵已呈极度疲劳状态。

（2）心理防护工作有欠缺。灾区驻防部队的家庭大多遭遇灾害重创，高度紧张的救援和尸体搬运工作使部分官兵精神几近崩溃，需要心理调节。日本自卫队缺乏从总部机关到基层部队的一整套心理干预体系，缺少各级别心理专家。

（3）缺乏有经验的指挥军官。此次救灾行动中日本为通过实践培养骨干，从自卫队干部学校抽调学员充实到灾区现场指挥部，但上述学员普遍存在指挥经验欠缺的问题。

10.2 美军参与应对福岛核电站核事故

2011年，日本发生"3·11"大地震并引发福岛核电站事故后，美军于3月12日至5月4日实施"朋友"行动，向日本提供人道主义

第10章 外军参与反恐及事故应急救援典型案例汇编

救援减灾和核生化事故应对等协助,该任务是美军近年实施的最大规模海外核生化防护行动。主要经验做法有:

1) 应急响应快速高效,深入一线获取情况

事故发生后,美国防部国防威胁降低局成立了由6人组成的联络小组和后果管理顾问小组,于2011年3月13日编入美海军后备队第105特遣队。这两个小组是行动初期放射后果管理的核心,负责向驻日美军司令提供专业建议,包括核燃料循环、潜在有害物、潜在放射事故预防与处理等。2个小组成员率先进入距受损核反应堆几千米的东京电力公司中转场所了解情况,评估下一步专业部队需求,与东电公司工程和管理人员建立联系,向美驻日大使和驻日美军司令报告进展情况。3月17日,后果管理顾问小组编入联合支援部队,遂行核生化防护任务。

2) 分级构建指挥体系,联合编组专业部队

美太平洋总部为战区级指挥控制机构,负责制订救援行动计划。驻日美军司令部作为灾区美军最高指挥机构,具体组织实施救援行动,并负责与日军方进行任务和兵力行动协调。美军以第519联合特遣部队为主组建对日本联合支援部队,内设指挥控制、侦察监视、行动、洗消、医疗、部队防护、搜救、保障(运输、维护、工程)等要素。应美国太平洋总部要求,美国防部向"对日联合支援部队"派遣核生化专业部队,主要包括"民事支援联合特遣部队"、陆军放射研究学院专家、空军放射评估小队、海军陆战队生化应急部队等三防力量,重点遂行核放射态势持续监视和后果管控任务。

3) 按需分批部署部队,依职明确任务分工

(1) 民事支援联合特遣部队共9人,负责核生化应急指挥、任务计划、组织协调和提供决策建议等,是"对日本联合支援部队"核放射分析与计划的核心力量,也是最早部署、最晚撤出的核生化力量。

(2) 空军放射评估部队。共36人,于3月21日首次部署,5月27日二次部署,主要遂行训练部队放射侦测能力、提供洗消和健康威胁指导、开设放射实验室、通过采样与放射物测量加强部队健康防护、

协助监测美军营区放射情况等任务。

(3) 医疗放射顾问小队。由陆军放射研究学院2人组成，3月17日部署到位，分别于4月22日和5月4日两批撤收。重点负责评估工作，包括碘化钾管理与分配，人员撤离或设立避难所，热区、暖区和冷区的划分评估与调整等。

(4) 海军陆战队生化应急部队。约140人，于4月上旬部署到位，重点遂行核污染调查、受染人员洗消等任务。

4) 严密监控放射情况，强调协同实施计划

(1) 监视和报告反应堆情况与放射读入数据。美空军评估小组对20个地点实施52次放射侦察监视任务，监控700余名美军士兵情况，采集测量1600余份大气、水、土样本。作为计划协调机构，"民事支援联合特遣部队"担负值班任务，每周7天、每天24h为美国防部和能源部更新信息。

(2) 提出联合防护、监视和撤离计划。包括美日放射侦察和防护联合计划、美能源部和国防部监视计划、碘化钾和庇护所使用计划、放射测量与暴露限制计划等多项应急计划，并基于放射可接受底线制定涉及5.1万人的撤离计划，提出后续部队和能力需求建议。

(3) 加强各级协调和专业防护知识解答。"民事支援联合特遣部队"负责协调美政府机构、日本自卫队和"对日本联合支援部队"，并向太平洋总部、"对日本联合支援部队"和外界报告，发布专业防护知识与进展情况。在行动初期，该部队对1044名"热区"内人员实施风险评估，进行放射防护教育，并提供放射风险比对工具。

(4) 加强部队防护。主要措施包括为行动部队实施放射测量训练，配备放射侦察装备；制定风险评估计划，跟踪人员核照射量率，设定大气、水样测量地点和优先任务等。

10.3 俄军核生化防护部队救援处置炭疽疫情

2016年7月中下旬，俄罗斯北部地区暴发严重炭疽疫情。应当地

政府请求，俄国防部派出核生化防护部队参与救援处置，为及时清除疫情根源、控制疫情蔓延发挥了关键作用，相关做法经验具有一定借鉴价值。

1. 疫情背景

2016 年 7 月，俄亚马尔－涅涅茨自治区气温较往年升高，当地 1941 年炭疽疫情后残留的炭疽杆菌孢子被激活，引发疫情。7 月 16 日，自治区某牧场发现大批驯鹿非正常死亡并上报，俄卫生检疫部门很快确定为炭疽疫情。随后疫情迅速蔓延，波及地域面积 2.1 万平方千米，近 3000 头驯鹿死亡，24 人被确诊为炭疽病例。26 日，当地政府向国防部提出支援请求，并获肯定答复。

2. 处置过程

1）任务部署

俄军在此次行动中的总体任务是在疫区采样就地进行实验研究，消除疫情暴发根源，焚毁染疫动物尸体，控制疫情蔓延。确定任务目标后，俄国防部国家防务指挥中心立即组建"作战集群指挥部"，专门负责行动期间的兵力协调运用，每天 2 次以电视电话会议形式听取前方工作汇报，直观了解现场情况，及时做出相应决策。部队集群以俄军三防部队和军事医疗部队为主，统一由中部军区三防兵主任瓦西里耶夫少将指挥，投入总兵力 276 人，含三防兵 245 人，备用兵力 200 人，均为三防兵，专业装备 30 多台套。其中，三防兵来自俄中部军区独立第 29 三防旅 2 个营以及俄国防部三防兵主任局直属特种任务中队，承担行动体任务；医疗人员来自军事医学院、各中心医院和中部军区医务部门，负责保障任务部队安全，防止官兵遭到感染并相互传染，具体任务包括注射疫苗、发放并监督官兵服用抗生素药物，对住宿环境饮食和饮用水等进行监测。

2）兵力投送

7 月 28 日，任务部队接到命令，在 24 小时内抵达疫区。疫区距主力部队约 2500km。29 日，俄空天军 2 架伊尔 – 76 军用运输机和 4 架米 – 8 直升机将三防兵主力部队和专业装备投送至预定地区。30 日，俄空天军和铁道兵部队将 30 多吨消毒用氯石灰和医疗人员投送至疫区。8 月 2 日，俄空天军将增援的 50 名官兵及装备投送至疫区。

3）任务实施

共分为以下 5 个环节：

（1）开设指挥所。为方便任务组织实施，在距离疫区约 50km 的火车站附近扎营，开设指挥所，布设人员和装备检疫站点等。

（2）划设任务区。为发挥军队专业力量的核心作用，俄军将任务区设定在疫区中心核心区约 225 平方千米范围内，外围处置工作则交由其他政府部门承担。7 月 30 日开始，任务部队通过空中侦察确定行动地区、任务边界、野战帐篷搭设地点和部队行动路线，在隔离区边缘放置约 40000 个提醒标志。

（3）编成任务小组。根据疫区工作总体部署和侦察结果，集群应急指挥部将任务部队分为 6 个小组，分头展开处置工作，在后期寻找单个动物遗体时，将 6 个小组一分为二，携带相应物资器材，以便更快地发现和处置。

（4）有序处置疫情。优先处置牧场内大规模的染疫动物尸体，再搜寻、处置零星散落的尸体，发现染疫动物尸体后就地焚烧，再喷洒氯石灰进行二次消毒，灭杀土壤里可能隐藏的病毒；部队官兵轮班作业，每 6 个小时换班；每天焚烧动物尸体 100～400 具，共焚烧 2572 具动物尸体。

（5）任务收尾。8 月 5 日，俄军成功控制疫情蔓延，未新发现炭疽感染病例。8 月 15 日，部队完成全部任务，中部军区测绘部队再次对疫区进行侦察，在地图上标注各焚烧点坐标并备案。8 月 16 日，部队陆续撤回。

3. 主要经验

（1）加强部队实战化训练和拉动，做到常备无患。任务结束后，

第 10 章 外军参与反恐及事故应急救援典型案例汇编

俄中部军区三防兵主任瓦西里耶夫少将表示,中部军区三防兵在平时进行了相关训练,在日常训练中掌握了生物防护方法。俄军战备水平近年来不断提升,能够做到在短时间内成建制拉动部队,为此次迅速反应并完成任务奠定了基础。俄亚马尔 – 涅涅茨自治区行政长官科贝金表示,疫情处置是一项复杂的专业工作,唯有军队能在如此短时间内完成任务,政府其他部门不可能做到。

(2) 明确指挥机制、兵力规模和任务范围,做到合理用兵。此次行动中,俄军实战检验了临时任务指挥机制,形成国家防务指挥中心作战集群指挥部、前线指挥所两级指挥机构。组建由相应战略方向任务部队和中央直属部队混合编成的救援力量,合理确定兵力和装备规模,并提前预置后备兵力。主体任务部队主官担任一线指挥员统一指挥部队,明确部队任务范围,及时投送任务部队;确定军队与地方各相关部门的任务分工和协调办法。在总体投入兵力规模有限情况下,采用分组实施、就地焚烧的办法保障行动快速高效。

(3) 统筹协调军地力量,寻求最佳解决方案。此次是俄军首次在北极地区遂行核生化防护任务,相关经验匮乏,执行任务过程中出现系列新问题新情况。任务伊始,为焚烧染疫动物尸体,地方政府提供了原油,但燃烧效果不佳。后提供废旧小轿车轮胎作为焚烧载体,易燃却不耐烧。俄军经试验发现,大型货车废旧轮胎配合助燃剂的方式既易燃,又能燃烧充分彻底,一只轮胎即可彻底焚烧一具动物尸体,大幅提高了工作效率。为满足需要,当地政府从垃圾场收集大量废旧轮胎,俄国防部也组织军用运输机投送 10t 废旧轮胎,确保工作顺利完成。

10.4 意大利军队处置化工厂爆炸事故

1976 年 7 月 10 日,意大利北部塞维索镇 1 个小型化工厂发生爆炸,产生含有剧毒化学品二恶英的污染烟雾,并随东南风扩散至塞维索镇周边多个城镇。当地许多居民出现不适症状，大批动物受污染致死。意政府迅速启动应急处突机制，并组织内政部、卫生部和军队联合实施应急处置，取得较好效果。意军参与事故处置的主要做法如下。

1. 进行采样检测和污染区划分

意军地应急力量在污染烟雾移动方向沿线采集土壤污染样品，根据样品污染物含量划分受灾区，共分 A、B、R 3 个区。A 为重灾区，是化工厂所在地周长约 6km 的不规则区域，平均污染指数大于 $240\mu g/m^2$；B 区是中度受灾区，周长约 16.5km 的不规则区域，平均污染指数为 $5\mu g/m^2$；R 区是轻度污染区，周长约 26km 的不规则区域，平均污染指数低于 $3\mu g/m^2$。各受灾区根据污染程度细分为若干分区。A 区居民被全部撤离居住地，B、R 区采取居民禁止食用该区域农产品等保护措施。

2. 严格分类实施洗消去污处理

军地应急力量根据受灾区等级采取不同程度的洗消除污作业。针对重灾 A 区的主要应急处置措施如下：①用 4m 高玻璃钢和铁网实施封控，撤离所有居民；将现有道路用沥青重新铺设，同时开辟新道路、新设施用于运输和存放受污染物体。②将 40cm 厚的受污染土壤铲除。③用大功率吸气设备和化学表面活性剂对污染区各建筑进行不留死角洗消去污。④在事故工厂内先建一个水泥池，妥善放置所有待焚烧处理物体（特别是动物尸体），后在附近设焚烧炉对其进行处理。⑤在事故工厂附近建立两个大池，分别为 $20000m^2$ 和 $8000m^2$，用于掩埋存放受污染土壤、事故工厂残留物及用于除污的工具设备等。上述掩埋池采用核废料存放技术，设有 4 层防护层，并配备实时检测设备，以最大限度降低污染物泄漏外溢风险。⑥在整个洗消去污过程中不间断进行侦检，直至污染物降至合格水平为止。

第10章 外军参与反恐及事故应急救援典型案例汇编

10.5 日本自卫队参与应对东京地铁沙林事件

1. 事件经过

1995年3月20日,日本东京地铁系统中的日比谷线、丸内线、千代田线上共5辆列车遭到奥姆真理教发动的沙林袭击,霞关、筑地等16个车站受到污染,这就是当时轰动国际社会的东京"3·20"地铁沙林事件。事件中共有12人丧生,5500多人受伤,1036人住院治疗。事后据东京警方称,当时有76人在医院处于危险状态,46人伤势严重,其中大多数是呼吸系统的问题。

3月20日早高峰时间,5名男子携带多袋沙林进入东京地铁,分别登上开往霞关站(日本政府所在地警察总局和该市最大的鱼市所在地)的不同地铁线路,并几乎同时将沙林袋扔在车厢地板上,用削尖的雨伞尖将袋子刺破,然后离开地铁,乘坐一辆等候的车辆离开现场。袋子里的沙林慢慢地渗到地铁的地板上。沙林属于神经性毒剂,在空气中扩散时最具杀伤力,但肇事者由于准备时间不足,最后选择了这种效率较低的方法。据信,此举是为了转移警方对邪教活动的注意力,并阻止警方按计划进行的突袭。此次袭击,选择的时间为地铁站警察交接班时间,这是为了最大限度地增加警察的伤亡。随着袋子里的液体蒸发,沙林蒸气开始对乘客发生作用。列车继续开往市中心,而沾染了沙林的乘客从各站下车。沙林在各站台通过被污染的车厢或被沾染者的衣服和鞋子而被进一步传播。很多人中毒是因为在地铁内试图帮助那些已经中毒的人,从而暴露于沙林中。两名地铁员工在卡苏米加塞基站试图移走被刺破的沙林袋时中毒身亡。

2. 处置经过

事件发生后,日本自卫队应东京、千叶知事和警视厅的请求,共同参与响应行动。自卫队从防化部队和步兵联队中派出 200 名防化专业和医疗救护人员、洗消车等专业车辆，对事故现场进行检测和洗消，清除地铁污染物，以漂白粉水溶液进行消毒清洗，更新地铁空气，使沙林毒气事件的损害减小到最低限度。自卫队对沙林中毒人员进行急救，并到医院参与伤员救治。肇事物质沙林被日本自卫队全部安全转移并妥善保存。这是日本首次派出自卫队防化部队对类似事件予以支援。

此次袭击并不是恐怖组织第一次对日本平民使用大规模杀伤性武器。肇事者奥姆真理教曾在 1994 年 6 月对松本市使用沙林发动袭击，造成 7 人死亡。1994 年 12 月，即在松本袭击事件之后 6 个月，美国弗吉尼亚生物化学武器控制学会的凯尔·奥尔森警告当地政府说，松本事件可能只是序幕而已，一些更大的特别是温暖拥挤的城市场所诸如百货商场或主要的地铁站很可能成为下一个目标。然而，奥尔森的担忧并未引起当局的重视，东京地铁沙林事件还是发生了。

日本当局开始调查这次袭击，很快将这起毒气事件与松本事件联系起来，并将怀疑目标锁定在奥姆真理教身上。为了安全实施搜捕行动，日本自卫队第 101 化学防护分队在东京对警察进行了训练，并借出 500 套化学防护服和面具。随后，警方对东京奥姆真理教办事处及其位于山梨县的实验室总部进行了大规模搜查，缴获了大量用于制造沙林的有毒化学品罐。沙林毒性极强，即使浓度很低也可能致命。此次奥姆真理教所选择的布撒方式比较简单，且毒剂的纯度不高，如果他们能够花更多的时间来准备沙林毒气，可能成千上万人会在此次事件中丧生。此后，警察又从自卫队租借了 3700 套化学防护服和面具，用于对清剿奥姆真理教的第一批警官进行全身防护。在该团伙驻地发现了约 500 桶三氯化磷（生产神经性毒剂的主要前体之一），同时还发现成吨的试剂和溶剂，包括异丙醇和氟化钠。

3. 事件引发的思考与战备

1）日本的思考与战备

日本存在一种观点，认为未来发生化学战是不可避免的，甚至认

第10章　外军参与反恐及事故应急救援典型案例汇编

为1994年6月在松本和1995年3月在东京地铁发生的化学恐怖事件就是和平时期的化学战，而且认为这种化学恐怖事件今后在日本还可能随时发生。因此日本要求自卫队的卫生组织能在发生毒剂袭击的情况下，以抢救伤员为目的迅速地开展救护行动，并在平时就要做好医学防护的准备，针对性地进行早期医学防护训练。2001年10月，日本自卫队卫生组织举行毒剂损伤早期医学救护演习，对仙台医院和第6师团化学防护队下达派遣令。医院编成医疗组，协同第6师团化学防护队，在毒剂中毒现场实施早期医学救护演练。事后由防化医学专家进行认真分析和总结，对日本的毒剂损伤的早期医学救护提出行动要领，同时也对早期的医学救护措施和出现的问题进行研究。

2）美国的技术战备

1995年东京地铁沙林事件直接促成了表面声波（SAW）探测技术的诞生。事件发生后，美国肯塔基（Kentacky）公司的汉克·沃勒耶及其同事迅速成立研究小组，以期保护美国民众免遭类似恐怖主义袭击的侵害。在联邦政府的推动下，肯塔基公司和阿尔贡、桑迪亚、劳伦斯·利弗莫尔国家实验室以及伊利诺伊大学合作开展旨在保护华盛顿地区地铁乘客安全的一项秘密计划。2001年"9·11"事件的发生，使这项计划迅速转变为公开寻求保护华盛顿城区运输管理局铁路安全的努力。很快，每天承载约650000人的铁路网络安装了探测化学蒸气的表面声波传感器装置。

3）美国的组织战备

1995年，奥姆真理教在东京地铁使用神经性毒剂的事件打开了化学兵的另一个重要任务领域。由于这一事件的发生，美国在1998—2001年间组建了大规模杀伤性武器国内支援组（WMD-CSTs），为各州和当地化生放核（CBRN）威胁应急响应者提供技术支持。20世纪90年代后期，又正式确定了协助同盟国响应核化生武器效应的国外后果管理任务，并以战斗指挥职责来加以执行。2002年4月，美国国防部指示参谋长联席会议主席制定标准、作战理念和指南，提高美军军事设施、国防部所属设施或租借设施防御CBRN恐怖事件影响的能力。

由此创立了化学兵的第四个任务领域：支持在军事设施执行的反恐项目。

10.6 美军参与应对炭疽邮件事件

1. 事件经过

2001年"9·11"事件发生后不久，9月25日起，装有炭疽杆菌的邮件不断在政府、媒体、科研等机构及美国驻外使馆出现，造成22人致病其中5人死亡的惨剧。不久，类似事件又接连不断地在多国发生。除美国外，德国、法国、英国、奥地利、荷兰、瑞士、俄罗斯、以色列、韩国、日本、澳大利亚、巴西、阿根廷和巴基斯坦等国也相继出现装有可疑粉末的邮件。有的已确认为炭疽杆菌粉末，有的却是恶作剧，但无一不在社会上引起巨大的恐慌和混乱。

2. 事件处置

在炭疽邮件事件期间，美军收集了许多疑似样品，同时对部队和其他响应人员进行了技术性洗消，对从华盛顿P街区布伦特伍德邮局发出的受沾染信件等进行了消毒。响应人员在洗消过程中发现，对城市洗消比对单纯的战场洗消要困难得多，单是洗消参议院办公室就用了90天时间，花费1300万美元。作为预防，美国军方在五角大楼四周部署了可以探知生物战剂的侦察车，即综合生物检测系统（BIDS）。它可以监测空气品质，有效侦察一系列生物战剂，并确认为何种战剂。这是美军自"9·11"后首次介入炭疽袭击事件，也是综合生物检测系统自1996年10月列装美军第一支生物检测部队后首次被用于核生化应急救援。综合生物检测系统为安装于专用"悍马"车上的半自动生物战剂检测/识别系统，采用生物检测技术，自动检测和鉴别病原体和毒素，在15~30min内检测和鉴别每升空气中含有粒径为2~10μm

的 5~25 种战剂微粒。随后的 BIDS - P3I 系统将化学生物质谱仪（CBMS）和分组件的生物检测器集于一体，扩大了检测范围。

炭疽事件出现以后，许多国家及组织立即做出反应，采取各种措施防备炭疽或其他可能的生化恐怖活动。欧盟成立了联合专家组，以防类似"9·11"事件和生化恐怖活动的出现。欧盟还组建了一支由6万人组成的快速反应部队，在欧洲范围内执行维持和平与稳定、进行人道主义救援等任务。俄罗斯研究了各种方案，与北约展开更加紧密的合作，以对付恐怖主义和大规模杀伤性武器的威胁。法国除过去已有的反恐怖计划外，又启动了新的反生物恐怖计划，这一计划主要包括增加对饮用水的安全检查，加强对感染病例的监测和报警系统，以及增强对伤病患者的诊断和救护能力等。日本开始加紧对涉嫌拥有该类细菌和病毒的机构进行监控，尽一切努力防止其落入恐怖主义者手中，并对1000多家包括大学在内的机构进行审查。印度政府指示医疗卫生和内政、国防等部门抽调专家组建若干快速反应小组以防不测。韩国在汉城某地铁站进行反炭疽侵袭演习。

3. 美国防化医学应对措施

（1）加强医学应对举措，力争控制与消除危害。经过多年规划和发展，美国在灾害救援处置系统的基础上，建立了能力更强的危机管理机制，特别是针对核生化大规模杀伤性武器袭击的应对处置，建立了以疾病控制系统为骨干，有14个部门的多个机构参与，遍及国土的应急系统网络处理、医院救治能力分级准备和启动机制，以及情报、医学信息学等辅助决策系统，因而能对突发疫情做出快速的反应。

具体有：①疾病报告系统等各种检测系统起到了生物恐怖袭击察觉和报警系统的作用；②国家、州和事发地三级指挥体系迅速按照预案开展较为有效的工作；③疾病预防控制中心（CDC）的紧急行动中心指导了应急医学救援队配合事发地实施调查与处置；④国家药品储备队为处置工作提供了紧急物资保障；⑤覆盖全国的实验室检验体系（包括医学和环境监测实验室），从时间、人群和空间3个角度实施连续监测，检测了 100 多万份标本，为污染判断和处置效果评估提供了可靠依据。

（2）采取综合措施，避免污染，实施污染消除。CDC 及医学会等民间组织用各种途径和方法，指导民众识别可疑邮件以及发现可疑邮件时采取什么措施，怎样向 911 救护系统和当局报告，用物理、化学综合措施和手段如何消除炭疽污染，用电子束灭菌系统如何消毒信件，以及用放射性钴 60 射线照射箱、整包（大体积）邮件和物体的消毒处理等。

（3）追查暴露者，落实医学观察等检疫措施。通过流行病学调查，查找所有暴露者和病例接触者，以及因处理和运送邮件，接触过污染场所和运载工具等可能受到污染的人员，配以检查、症状询问进行医学观察。同时，依据各自的暴露方式和程度给予预防服药（3 天）和预防性治疗（60 天），或进行疫苗接种。

（4）药品试剂及防护装备储备，以及快速生产和供应是处置的物质保障。处置炭疽病人和污染药品试剂和装备，平时用量极少，虽有储备，但应急时用量陡增。例如仅 2001 年 10 月至 2002 年 1 月不到 3 个月内，美国药品储备队就出动 143 次，为 9 个州提供抗生素 375 万片，保障了 36845 人的治疗设备，还为邮政系统工作人员和民众提供了大量的个人防护装备和消毒用品用具。

（5）袭击规模、危害及医学处置等相关情况、告示、应对处置指南。事件信息统一管理、发布，把握舆论导向在处置工作中特别重要。美国政府对此保持组织和领导地位，通过媒体，以及 CDC 的发病率和死亡率周报、流行病学信息交换和卫生通告网及时公布，保证民众知情，建立对政府的信任和处置信心。同时还通过建立热线电话、国内和国际服务咨询网站，动员社会相关力量等手段，提供炭疽防治知识咨询服务和心理疏导，对指导民众消除恐慌、做好防范、震慑犯罪、稳定社会起到重要作用。

（6）强化相关措施，防止连环和新的恐怖袭击。为防止连环恐怖袭击和新一轮生物恐怖袭击，政府立即加强了对农药、农用飞机、日用化学品的管理，强化了交通口岸安检，在国防部五角大楼、国会等重要场所增设了化学生物学监测设备。

（7）全方位加大反恐投入，特别是加快医学防范和处置能力建设与发展。2001年11月1日，卫生部组织制定生物恐怖医学防范原则、内容和具体措施，通过CDC指导各州建立健全"州级卫生力量应急预案"。从以下数据可见一斑：炭疽袭击事件发生后，截至2002年6月，美国就斥资450多亿美元，用于加强打击生物恐怖袭击的准备，包括改善医疗、增加天花疫苗储备量、加强饮用水和食品卫生保护及安全检查；加强供水系统的安全；改善紧急准备状态、训练人员和发展诊治医疗；对36种可能用于恐怖袭击的生物战剂建立数据库；以及国内的生物安全管理，对病原生物学实验室进行登记管理；鼓励新技术新装备的研究与发展等。

4. 几点启示

生物恐怖袭击发现与处置以医学理论和技术为基础，袭击后果的处置要素和技术措施与传染病暴发的疫情处置基本相同，但更需要临床（治疗与临床微生物）、公共卫生系统（疾病控制系统）、公共卫生官员的密切合作与协同，以提高医学处置能力。

（1）强化安全意识，加强疾病监测，提高预警能力，是发现隐匿型生物恐怖袭击的前提。隐匿型生物恐怖袭击以病人的发现为信号。要整合国家现有的法定传染病报告系统和全国1%人口抽样的疾病监测，由部分医院实验室构成病原体监测系统，增加监测点和监测报告方式，提高对人群疾病和症状发生、流行状态连续监测判断的能力，进而提升对生物恐怖袭击引发疾病的预警能力。特别要加强重点地区和重点医院为基础的症状监测报告，使其成为向突发公共卫生报告系统提供可靠信息的基础和依据。提高报告质量和及时性，要提高临床医护人员生物安全意识和传染病的识别能力，提高对发热、流感样病例的甄别和报告，以使有关部门及时掌握人群病种、数量和构成比例动态变化，从源头上保证隐匿型生物恐怖袭击早发现。

（2）建立应急处置专业队伍，是应急处置的组织基础。只有建立掌握了处置程序和要点的应急反应队伍，在组织、人员、技术、行动预案和装备各方面落到实处，才能实现灵敏反应、快速机动，正确地采集标本，展开调查，进行合理处置。

（3）建立能力衔接、功能配套的检验系统和网络，是生物恐怖袭击确认的专业能力基础。快速检验能指导现场应急处置，系统的实验室检验鉴定能为生物因子进行生物学溯源、甄别疫情性质和污染消除效果评估提供可靠依据。

（4）做好特需药品、试剂和装备等实物和技术储备，是应急处置的物质基础。生物系及使用的生物因子，可能是战剂，也可能是经过生物学技术改造的病原体或其产物等，往往会超出试验检验的内容和能力。由这些生物因子所引发的疾病需要特殊药品、疫苗和抗血清进行治疗。恐怖袭击造成的突发污染，短时间内需要较多的消毒药械和防护装备。没有必要的物质保障，处置无法实施，效果无法保证。

（5）加快生物防御关键技术与装备研发，是解决制约能力形成与发展的关键。建立健全恐怖袭击生物制剂基本信息数据库，汇集我国致病微生物种类和毒性、抗性、遗传特性、变异等生物学特征信息，形成致病微生物生物学来源追溯判断的背景基础；研发生物医学防护决策支持系统（如电子信息管理、专家咨询系统和物资、力量资源分布等系统）；组建必要技术平台（如基因芯片、核酸测序等），形成较强生物因子识别鉴定技术基础和能力。

10.7　苏联防化部队参与应对切尔诺贝利核泄漏事故

1. 事故经过

切尔诺贝利核泄漏事故被称为史上最严重的核电站灾难。1986年4月26日早上，切尔诺贝利核电站第4号反应堆的工作人员违反操作

第10章 外军参与反恐及事故应急救援典型案例汇编

规程连续切断反应堆的电源,导致主要冷却系统停止工作。于是堆芯温度迅速升高,造成氢气过浓,发生猛烈爆炸。爆炸造成机房起火,反应堆内的放射物质大量外泄,周围环境受到严重污染。据悉,此次事故产生的放射性沉降物数量是在广岛投掷的原子弹所释放的400倍。此次事故直接导致31人死亡,203人受伤,在距核电站30km的范围内大约13.5万人被疏散,8t多强辐射物质倾泻而出,污染遍及居住着694.5万人的15万 km^2 地区,320多万人直接遭受核辐射侵害,迄今已有9000人死于恶性肿瘤。事故造成的直接经济损失达数十亿卢布。事故发生后,大量放射性尘埃飘逸到北欧和东、西欧部分国家,使一些地区环境中某些介质的放射性物质含量远远超过正常标准。

2. 处置经过

核电站事故发生后,苏联防化部队立即接到了勘察出事地点并实施紧急救护的命令。化学兵15个营的兵力主要担负辐射侦察、监测,对道路、建筑物、地面进行去污和对人员进行洗消的任务。化学兵在污染区内建立了若干固定/机动监测站,开设了200多个洗消站,负责对人员、车辆进行沾染检查和清洗,其中最危险、最艰巨的任务是消除事故现场附近及设备上的高强度放射性沾染。

1)侦察与取样

各支援的防化部(分)队到达指定地点后,便开始了急需的辐射侦察,依据侦察结果明确了居民撤退的措施。防化分队则乘坐具有较高防护系数的重型履带装甲车辆,根据辐射测量仪器的测定结果沿着指定的方向前进。防化部队除了进行地面和空中辐射侦察外,还对反应堆的泄漏物进行了取样,确定了它的同位素组成,找出了通向4号事故机组距离最近且危险性最小的通道,并据此实施人员剂量监督和洗消。

据苏联《军事通报》报道,切尔诺贝利核电站事故发生后,苏军三防分队在事故沾染区进行了侦察。防化分队迅速集结于指定地点。两个排领受了对核电站及其邻近地区进行辐射侦察的任务,这是他们首次实施这样的现场侦察任务。过去,防化分队曾多次演练查明辐射情况的方法和动作,但那时沾染情况是模拟的,现在全体人员则是在连概略辐射级也不明确的放射性沾染区完成作业。在辐射沾染侦察过程中,班、排长按照条令要求给部属下达任务,并正确地分发个人剂量仪。装甲侦察车沿着核电站4号发电机组周围作了侦察,侦察军官仔细地判读着车用仪的读数,并发出指令:"司机,停车!化学侦察员戴面具,测量车辆外面的辐射级!"随后,化学侦察员快速地打开车辆舱口,将仪器探头伸向车外。片刻之后,测好了仪器的读数,车辆舱口随之关闭。测得装甲的减弱系数和沾染区的边界后,侦探群便做上了相应的标志,并高速向前驶进。此时,侦察军官便在大比例尺地图上标好所测得的辐射级数据,并用无线电向上级首长报告。

在短暂停车期间,化学侦察员以熟练的动作对受染的土壤、水和植被进行了取样。测量过程中发现了剂量率忽高忽低的现象。这种跳跃式变化在以往训练中很罕见,也难以理解。侦察员不得不数次变换工作方式,降低行进速度,增加读数次数,并按地图更准确地测量了所处的位置。

在核电站的另一个方向上,三防分队同样在紧张地工作着。他们深知,是否能正确地选择将技术器材运往发生事故的发电机组,以及随后进入的修理组能否安全作业,完全取决于他们所测数据的准确性和可靠性。为此,侦察员们仔细地查看了地形,并侦察和标识出了具有不同辐射级的沾染地段。

侦察结束后,侦探群进入指定的集结地,对车辆和仪器进行认真的洗消。各分队的指挥员向上级首长报送有关核电站事故放射性沾染区的详细数据图。

在沾染区选取的样品同时送交放射性测量实验室,以便实施进一步的分析测量。最后,作业人员记录自己佩戴的个人剂量仪上的读数。

2) 洗消

在对建筑物和场内进行去污时,采用了对物体表面进行简单的水冲和擦拭、消防水龙冲洗、土壤表层铲除、使用遥控去污装备等各种

第10章 外军参与反恐及事故应急救援典型案例汇编

去污方法。去污时，使用了3种类型的技术装备：①有生物防护作用的装备；②遥控装备；③筑路和清障设备。除苏联制造的装备外，还有一些是德国、芬兰、波兰、日本和其他国家的产品。

由于事故现场出现了严重的沾染和堵塞，在某些地方，具有装甲防护的高效排险工程车无法顺利开展机械法消除和排险。有时操作人员被迫下车，直接利用钢钎和铁铲从管道、贮存罐以及其他装置中掏取石墨块以及反应堆的结构材料，作业艰巨而危险。由于在危险区进行高强度的作业，不少人员的服装遭受了严重的放射性沾染，以至无法实施洗消而必须迅速更换。除采用常规方法外，对一些难以有效洗消的车辆、道路、建筑物以及具有硬覆盖的地段，专家们推荐了全新的薄膜覆盖洗消技术，提高了洗消效率。

对核电站工作间内表面，洗消分队采取先用洗消液冲洗，再用布擦拭的办法进行洗消。经验证明，这种方法虽然陈旧、落后、效率低，但在当时却是最有效、最可行的方法。

10.8 俄军参与解救莫斯科人质行动

1. 事件经过

2002年10月23日，一群车臣武装分子闯入一座位于莫斯科东南区的莫斯科轴承厂文化宫大楼剧院，挟持了文化宫内800多人作为人质，要求俄罗斯军队撤出车臣。10月27日，俄罗斯安全部队将一种麻醉性气体从剧院的空调系统施放入剧院中，致使恐怖分子被击毙，多数人质获救。但是由于医疗人员对这种麻醉性气体缺乏足够的了解，而当时俄罗斯政府没有及时给医生提供所使用药物的有关信息，因此造成了129名人质死亡。

2. 对麻醉性气体的后续解析

事件之后外界对俄罗斯使用何种毒气猜测甚多，但俄罗斯官方却三缄其口，以至于中毒人质的救治也受到影响。直到 10 月 30 日，在外界的压力和禁止化学武器组织（OPCW）的要求下，俄罗斯卫生部长尤·舍甫琴柯才向外界透露，解救文化宫人质时用了含有芬太尼衍生物的药剂，是一种气溶胶化的芬太尼类鸦片制剂。对提取的样品进行的毒理分析表明，至少还有另外一种化合物。这种化学品后来被描述为气溶胶态的芬太尼类化合物或埃托啡，通常都是用于大型动物的镇静药物。

后　记

未来国家安全体系面临的核生化武器、核生化灾害事故以及核生化恐怖袭击威胁是值得高度关注的领域，对国土核生化安全空间展开体系化、专业化、长期化塑造具有主动意义和前瞻意义。一直以来，由于核生化武器、核生化灾害事故以及核生化恐怖袭击的大规模杀伤、危害效应和长久的远期效应，不仅导致专业人员要在高危恶劣的作业环境下从事复杂多样的危害处置，也给民众群体防护带来复杂的挑战和沉重的心理负担。因此，国土核生化安全空间塑造必须适应新时代使命要求。可以预计在不远的将来，无人化核生化监测装备、侦察机器人和侦察无人机、无人洗消系统、新材料防毒面具、防毒衣和防护帐篷等等新型核生化危害处置装备都将进入国土核生化安全空间塑造所需的力量装备体系，从而为国家、民众和社会安全带来更稳固的支撑与保证。

参考文献

[1] 黄力,刘婷,常猛.浅析核安全责任主体的几个问题[J].核安全,2022,21(2):8-13.

[2] Bland S A. Chemical, Biological, Radiological and Nuclear(CBRN) Casualty Management Principles. [C]. Conflict and Catastrophe Medicine,2013:747-770.

[3] 于大鹏,梁晔,徐晓娟.我国核与辐射安全现状研究与探讨[J].核安全,2022,21(4):12-18.

[4] 环境保护部核与辐射安全中心.核与辐射安全监管[M].北京:中国原子能出版社,2015.

[5] 《核与辐射安全》编写委员会.核与辐射安全[M].北京:中国环境出版社,2013.

[6] 国际原子能机构.中华人民共和国核与辐射安全监管综合评估报告[M].环境保护部(国家核安全局)译.北京:中国环境科学出版社,2012.

[7] 牛栋,黄铁青,杨萍.中国生态系统研究网络(CERN)的建设与思考(J).中国科学院院刊,2006(6):466-471.

[8] 于嵘,黄美琴,姚宗林.省级核安全"十四五"规划编制思路与重点工作研究——以广西为例[J].核安全,2022,21(1):1-6.

[9] 郭冉.国际法视阈下美国核安全法律制度研究[M].武汉:武汉大学出版社,2016.

[10] 中国科学院核能安全技术研究所.中国核能安全技术发展蓝皮书[M].北京:科学出版社,2018.

[11] 彭述明,夏佳文,王毅韧.我国核安全技术发展战略研究[J].中国工程科学,2021(3):113-119.

[12] 崔建树.全球生物安全治理的主体责任与理念引领[J].人民论坛,2022(15):17-21.

[13] 保建云.生物安全、国家安全与人类安全共同体构建[J].人民论坛,2022(15):12-16.

[14] 丁迪.超越生物防御:"两用性"安全叙事与美国生物技术政策的演进[J].国际安

全研究,2022(6):113-150.

[15] 黄翠,梁慧刚.国外突发传染病应对生物安全能力评估及启示[J].军事医学,2022(11):842-847.

[16] 刘晓,汪哲,陈大明.合成生物学时代的生物安全治理[J].科学与社会,2022(3):1-14.

[17] 廖成梅,韩彦雄,丁攀.中亚国家生物安全领域的国际合作及影响研究[J].新疆大学学报(哲学社会科学版),2022(4):39-45.

[18] 于若冰.危险化学品道路运输的安全保障对策研究[J].合成材料老化与应用,2022(4):148-151.

[19] 管凌飞,周子涵.危化品道路运输安全风险管控现状研究[J].物流科技,2022(8):96-98.

[20] 吴明娟,陈书义,刘海涛.爆炸危险化学品安全监测物联网标准研究[J].信息技术与标准化,2021(11):74-79.

[21] 罗云轩,王梓文,高浩栐.关于有毒有害化学品环境污染及安全管控[J].中国石油和化工标准与质量,2022(17):77-79.

[22] 米龙浩,张雪明,陈曦.化学替代品在环境安全中的作用[J].山东化工,2022(20):197-200.

[23] 徐玉萍.索契冬奥会安保经验与启示[J].北京警察学院学报,2021(3):17.

[24] 储召锋.美国对核生化恐怖主义的评估与政策[J].和平与发展,2011(3):27-32.

[25] 张达姚,叶豹,殷爱民.核应急医学救援队向三防医学救援队转化的必要性和建议[J].中华灾害救援医学,2021(11):1371-1373.

[26] 曲静原,曹建主.刘磊.我国核应急决策支持系统研究开发的现状与展望[J].原子能科学技术,2001(3):283-288.

[27] 邓禾,夏梓耀.中国核能安全保障法律制度与体系研究[J].重庆大学学报(社会科学版),2012(2):26-32.

[28] 谢天,韦瑶瑶.面向核灾害应急的跨部门集成空间框架[J].管理学报,2016(2):295-305.

[29] 胡晔.重构国际核秩序:《中导条约》与国际核秩序的演进[J].北方论丛,2022(2):57-65.

[30] 丁思齐.美国应对核扩散的行为逻辑[J].国际观察,2019(5):76-99.

[31] 章远.中东地区的核恐怖主义威胁与核安全[J].阿拉伯世界研究,2018(1):57-72.

[32] 卓华.美国核政策调整与国际核不扩散机制的前景[J].太平洋学报,2011(4):91-98.

[33] 郑健.国际核生化恐怖威胁与技术防范[J].中国安防,2010(1):13-17.

[34] 孙亮,刘玉龙,白光.辐射监测及危害评估是核应急医学救援的先导[J].辐射防护通讯,2020(4):11-15.

[35] 谢天,邹清明,廖桑.智慧核应急——新ICT环境下的新型核应急技术体系及管理模式[J].科技管理研究,2016(17):196-201.

[36] 姚翠翠.化学事故预防中毒及应急救援的对策[J].化工管理,2021(20):115-116.

[37] 李迪,王家盛,赵汗青.GIS和QRI在危险化学品事故应急辅助决策系统中的应用[J].石油化工应用,2021(9):86-88.

[38] 周连仲,刘永江,傅蕾蕾.危险化学品应急检测技术新进展研究[J].天津化工,2021(4):16-18.

[39] 马建.危险化学品企业重大危险源应急管理问题及解决措施分析[J].中国石油和化工标准与质量,2022(12):10-12.

[40] 安志萍,刘晓荣,顾洪.核生化突发事件应急医学救援分类处置信息系统研究与应用[J].医疗卫生装备,2016(1):25-28.

[41] 李斌斌,岳强,王利敏.军用地面机器人在核生化防护中的应用研究[J].军民两用技术与产品,2017(22):197-198.

[42] 王世荣,廉成强,齐岩磊.核生化战剂侦防消技术发展概况[J].船海工程,2013(4):84-88.

[43] 包剑,罗雯军,王吉.美国海军水面舰艇核生化防护新发展[J].船海工程,2013(4):81-83.

[44] 齐和平,魏锐强,段志强.军用高机动越野车整车核生化集体防护设计[J].火力与指挥控制,2017(10):152-156.

[45] 徐保东,李静,柳钦火.地面站点叶面积指数观测的空间代表性评价——以CERN站网观测为例[J].遥感学报,2015(6):910-927.

[46] 赵彩霞.基于无人机的自动化环境监测系统[J].科技经济导刊,2018(32):58.

[47] 王祥,王新新,苏岫.无人机平台航空遥感监测核电站温排水—以辽宁省红沿河核电站为例[J].国土资源遥感,2018(4):182-186.

[48] 周亚林.探讨无人机在消防灭火救援行动中的应用[J].科技创新与应用,2018(16):173-174.

[49] 罗中兴,李霄,左莉.无人机载核辐射监测及气溶胶采样系统试验分析[J].环境监测与管理,2019(1):58-60.

[50] National response plan:major nuclear orradiologicalaccidents[R].Secretariat general de

la defense et de la securite nationale – SGDSN(France) ,2014.

[51] Ministry of Defence. Defence nuclear emergency response [R]. National Nuclear Emergency Planning and Response Guidance(United Kingdom) ,2020.

[52] Suzanne Basal la, William Berger, Abbot C Spencer. Managing foreign assistance in a CBRN emergency:the U. S. government response to Japan's "triple disaster" [J]. JFQ, 2013,68:25 – 31.

[53] TsSI GZ of the Ministry of Emergencies of Russia. National report of the Russian federation at the world conference on disaster reduction [R]. UNDRR, Russia – report,2004.

[54] Li H L , Tang W J , MaY K , et al. Emergency response to nuclear, biological and chemical incidents: challenges and countermeasures [J]. Military Medical Research, 2015,2(19),doi:10. 1186/s40779 – 015 – 0044 – 3.

[55] Lauren K Dutton, Peter C Rhee, Alexander Y Shin, et al. Combating an invisible enemy: The American military response to global pandemics [J]. Military Medical Research, 2021,8(1):8.

[56] Deborah Oughton, Viviana Albani, Francesc Barquinero , et al. Recommendations and procedures for preparedness and health surveillance of populations affected by a radiation accident[R]. ISGlobal//SHAMISEN project under CC by license,2018.

[57] Arthur N Tulak, Robert W Kraft, et al. State defense forces and homeland security[R]. US Department of Homeland Security,2020.

[58] U. S. Department of Homeland Security. Target capabilities list:a companion to the national preparedness guidelines[M]. CreateSpace Independent Publishing Platform,2014.

[59] William C Banks. The normalization of homeland security after september 11:the role of the military in counterterrorism preparedness and response[J]. Louisiana Law Review , 2004,8(64):735 – 778.

[60] Jonathan Sandy, Albrecht Schnabel, Haja Sovula, et al. The security sector's role in responding to health crises: lessons from the 2014 – 2015 Ebola epidemic and recommendations for the mano river union and its member states [R]. Geneva Centre for the Democratic Control of Armed Forces(DCAF) ,2017.

[61] Military assistance to international health emergency response: examining frameworks for an Ebola – like disaster in the Asia – Pacific[R]. Pacific Beach Hotel,2490 Kalakaua Avenue Honolulu, HI. ,2015.

[62] Sharon Y Kim, Kenny Lee, Jason B Tussey, et al. Responding to covid – 19 among U. S.

military units in south korea: The U. S. forces Korea's operation kill the virus[J]. Military Medicine,2021,1.

[63] US Northern Command(USNORTHCOM). nuclear weapon accident response plan(NC-NARP)CONPLAN[R]. HQ USNORTHCOM/CS ATTN:FOIA,2015,2.

[64] Kathleen Vogel. Ensuring the security of Russia's chemical weapons: a lab-to-lab partnering program[J]. The Nonproliferation Review,2008,2:70-83.

[65] National Fire Protection Association. Risk-based selection of chemical-protective clothing[R]. The NFPA Approach. ,2018.

[66] WHO. WHO'S response to covid-19[R]. Strategic Health Operations(SHO),2021.

[67] European Commission. Preparedness against CBRN threats-EU action plan [R]. European Commission DG Home Affairs, Athens, Greece, June 2018.

[68] Paul Bodurtha,Eva F. Gudgin Dickson. Decontamination science and personal protective equipment(PPE) selection for chemical-biological-radiological-nuclear(CBRN) events[R]. Defence Research and Development Canada. ,November 2016.

[69] Department of the Army pamphlet 50-5. Nuclear accident or incident response and assistance(NAIRA) operations[M]. Department of Defense Manual(DODM),2018.

[70] Department of the Army Pamphlet 50-6. Chemical accident or incident response and assistance(CAIRA) operations[M]. Department of Defense Manual(DODM),2003.

[71] Lead Inspector General Joint Strategic Oversight Plan on U. S. Government Activities, International Ebola response and preparedness[R]. Joint Strategic Oversight Plan On Ebola Response And Preparedness. ,October,2015.

[72] Adam Kamradt-Scott, Sophie Harman, Clare Wenham, Civil-military cooperation in Ebola and beyond[J]. The Lancet. ,2016,10014(387):104-105.

[73] Chilcott RP, Larner J, Matar H. Primary response incident scene management: PRISM guidance [M]. Volume 1, second edition, Office of the Assistant Secretary for Preparedness and Response, Biomedical Advanced Research and Development Authority, 2018.

[74] Eric V Larson,John E Peters. Preparing the U. S. Army for homeland security: concepts, issues,and options[M]. RAND,2001.

[75] United States Environmental Protection Agency. Environmental protection agency radiological emergency response plan[R]. the Office of Radiation and Indoor Air(ORIA) Radiation Protection Program(6608T),January,2017.

[76] Strategy for homeland defense and defense support of civil authorities[R]. Homeland

Defense and Defense Support US Department of Defense,2013.

[77] National Science and Technology Council. Identifying science and technology opportunities for national preparedness [R]. Identifying Science and Technology Opportunities for National Preparedness(Internal Federalreport),January 2017.

[78] Ellen P Carlin, et al. Opportunities for enhanced defense military, and security sector engagement in global health security[R]. EcoHealth Alliance,2021.

[79] The White House. National strategy for the covid-19 responseand pandemic preparedness [R]. The White House,2021.

[80] Jarrod C Hodgson,Shane M Baylis,Rowan Mott,et al,Precision wildlife monitoring using unmanned aerial vehicles[J]. Scientific Reports 6(22574),2016,3:1-7.

[81] Sugiura R,Tsuda S,Tamiya S,et al. Fieldphenotyping system for the assessment of potato late blightresistance using RGB imagery from an unmanned aerialvehicle.[J]. Biosystems Engineering,2016,148:1-10.

[82] Roseneia Rodrigues Santos de Melo , Dayana Bastos Costa , Juliana Sampaio Álvares et. al. Applicability of unmanned aerial system(UAS) for safety inspection on construction sites[R]. Safety Science 98(2017)174-185.

[83] Margarita Mulero-Pazmany, Jose Angel Barasona, Pelayo Acevedo, et al. Unmanned Aircraft Systems complement biologging in spatial ecology studies[J]. Ecology and Evolution 2015,5(21):4808-4818.

[84] 韩来彬,华祖耀.用现代仿真技术构造新型武器装备训练模拟器[J].计算机仿真,2003,20(10):27-29.

[85] 汪建宁.云计算、大数据技术在广电有线网络中的应用探析[J].新媒体研究,2017(21):32-33.

[86] 赵嘉义.浅析人工智能技术及其在识别技术领域的应用[J].数字通信世界,2017(11):229-230.

[87] 张正敏,朱捷.数据平台标准体系研究[J].标准科学,2016(11):41-44.

[88] 宋英明,刘子朋.核事故放射性气体扩散及辐射剂量模拟研究[J].核电子学与探测技术,2018,38(1):98-102.

[89] 高昂,余林,王启辉,等.人民防空大数据标准体系研究[J].标准科学,2017(2):32-35.

[90] 郭立军,曹霞,宋剑.化学事故危害后果评估与应急救援的辅助决策系统设计[J].中国安全生产科学技术,2011,7(6):33-37.

[91] 李颢青.工业有毒气体的溯源模型研究[D].大连:大连理工大学,2018.

[92] Hyunseung Kim, En Sup Yoon, Dongil Shin. Deep Neural Networks for Source Tracking of Chemical Leaks and Improved Chemical Process Safety[J]. Computer Aided Chemical Engineering, 2018, 44:2359 - 2364.

[93] Qiu S, Chen B, Wang R, et al. Atmospheric dispersion prediction and source estimation of hazardous gas using artificial neural network, particle swarm optimization and expectation maximization[J]. Atmospheric Environment, 2018, 178:158 - 163.

[94] Yan Y, Zhang R, Wang J, et al. Modified PSO Algorithms with "Request and Reset" for Leak Source Localization using Multiple Robots[J]. Neurocomputing, 2018, 292:82 - 90.

[95] Kong Y, Guan M, Zheng S, et al. Locating Hazardous Chemical Leakage Source Based on Cooperative Moving and Fixing Sensors[J]. Sensors, 2019, 19(5):1092.

[96] Mao S, Lang J, Chen T, et al. Improving source inversion performance of airborne pollutant emissions by modifying atmospheric dispersion scheme through sensitivity analysis combined with optimization model[J]. Environmental Pollution, 2021, 284(4 - 5):117186.

[97] 史阳. 有毒气体罐车运输泄漏的源强及位置反算研究[D]. 兰州:兰州交通大学, 2013.

[98] Zheng X P, Chen Z Q. Back calculation of source strength and location of toxic gases releasing based on Pattern Search method[J]. China Safety Science Journal, 2010, 20(05):29 - 34.

[99] Hooke R, Jeeves T A. "Direct Search" Solution of Numerical and Statistical Problems[J]. Journal of the Acm, 1961, 8(2):212 - 229.

[100] 宁莎莎, 李璟涛, 张怀宇. 核事故应急大气扩散模型 ARTM 验证与评价[J]. 南方能源建设, 2020, 7(4):93 - 98.